2016 / 2019

PowerPoint

高效實用
範例必修 **16**課

關於文淵閣工作室

常常聽到很多讀者跟我們說：我就是看你們的書學會用電腦的。

是的！這就是寫書的出發點和原動力，想讓每個讀者都能看我們的書跟上軟體的腳步，讓軟體不只是軟體，而是提升個人效率的工具。

文淵閣工作室創立於 1987 年，第一本電腦叢書「快快樂樂學電腦」於該年底問世。工作室的創會成員鄧文淵、李淑玲在學習電腦的過程中，就像每個剛開始接觸電腦的你一樣碰到了很多問題，因此決定整合自身的編輯、教學經驗及新生代的高手群，陸續推出「快快樂樂全系列」電腦叢書，冀望以輕鬆、深入淺出的筆觸、詳細的圖說，解決電腦學習者的徬徨無助，並搭配相關網站服務讀者。

隨著時代的進步與讀者的需求，文淵閣工作室除了原有的 Office、多媒體網頁設計系列，更將著作範圍延伸至各類程式設計、攝影、影像編修與創意書籍，如果您在閱讀本書時有任何的問題，或是有心得想與所有人一起討論、共享，都歡迎您光臨文淵閣工作室網站，或者使用電子郵件與我們聯絡。

- ■ 文淵閣工作室網站　http://www.e-happy.com.tw
- ■ 服務電子信箱　e-happy@e-happy.com.tw
- ■ 文淵閣工作室　粉絲團　http://www.facebook.com/ehappytw
- ■ 中老年人快樂學　粉絲團　https://www.facebook.com/forever.learn

總　監　製：鄧文淵	企劃編輯　：鄧君如
監　　　督：李淑玲	責任編輯　：熊文誠
行銷企劃：Cynthia · David	執行編輯　：黃郁菁·鄧君怡

本書特點

實務範例為導向

本書收集學校、日常生活以及職場上的實務範例，使用 PowerPoint 製作出 16 個不同主題的說明與應用，除了能熟悉功能與設計技巧也揪出演講壞毛病，讓您輕鬆吸引觀眾目光。除此之外，在每個作品結束後，都會再提供延伸練習，其中再含一個主題式範例，利用相關的技巧，製作出不同方向的作品。

範例解說流程

本書提供相當豐富的主題範例，讓您可以依據以下原則輕鬆操作，並了解每個範例裡所要說明的重點：

PowerPoint 2016 與 PowerPoint 2019 功能名稱差異

閱讀本書並操作範例時，可能會發現部分功能名稱或操作方式稍有差異，例如：在 PowerPoint 2016 是選按 **圖片**，而 PowerPoint 2019 則是選按 **圖片 \ 此裝置**。本書範例說明將以 2016 版本為主，再用括弧說明 2019 版本，例如：選按 **圖片** (或 **圖片 \ 此裝置**)，若整個介面差異較大還會再以 "資訊補給站" 單元完整說明。

▲ PowerPoint 2016

▲ PowerPoint 2019

本書範例

本書範例檔可從此網站下載：http://books.gotop.com.tw/DOWNLOAD/ACI034500，下載的檔案為壓縮檔，請解壓縮檔案後再使用。每章主範例的存放路徑會標註在各章 "學習重點" 頁面下方。

本書以 <本書範例> 與 <延伸練習> 二個資料夾整理各章範例檔案，依各章章號資料夾分別存放，每章的範例又分別有 <原始檔> 與 <完成檔> 資料夾：

目錄

01 簡報相關技巧 認識 PowerPoint

02 水色威尼斯簡報 快速完成一份簡報

03 健康飲食簡報 文字的整合應用

04 定點慢遊簡報 多樣式動畫與特效

05 餐飲實務簡報 加入圖片提升設計感

06 商業攝影簡報 大綱窗格的應用

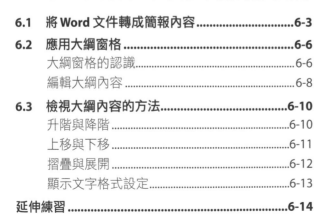

07 房屋買賣市場簡報 使用母片的技巧

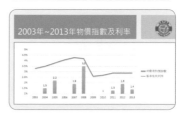

08 食品衛生簡報 多樣佈景主題設計

09 景點趴趴 GO 簡報 建立 SmartArt 圖形視覺效果

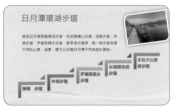

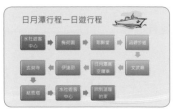

10 單車生活簡報 表格與圖表的運用

11 鼓舞節簡報 多媒體與音訊

12 土耳其行旅簡報 相簿簡報設計

13 圖書產品簡報 播放技巧與列印

14 蘭嶼微旅行簡報 超連結與動作按鈕

15 簡報帶著走 封裝與轉存

16 我的簡報在雲端 Microsoft 365 與 OneDrive 應用

01

簡報相關技巧
認識 PowerPoint

表達方式・說話內容

掌握觀眾・克服恐懼感

檢查準備・簡報設計・操作介面

此章整理了報告簡報時表達技巧與事先準備工作，再分享簡報製作流程及投影片的設計技巧，接著進入 PowerPoint 軟體帶您感受全新版本及超強功能的魅力。

- ➕ 自信滿滿的表達方式
- ➕ 吸引人聆聽的說話方式
- ➕ 掌握觀眾需求與互動
- ➕ 克服上台恐懼

- ➕ 最後的檢查準備
- ➕ 簡報設計技巧
- ➕ 進入 PowerPoint
- ➕ 認識 PowerPoint 操作介面

自信滿滿的表達方式

一份成功的簡報是令人印象深刻，甚至讓觀眾讚嘆的。報告簡報其實沒有那麼難，自信和氣勢是表達時不可或缺的，只要充滿自信地看著台下的觀眾，真切地表達想要傳遞的訊息，其實就已成功一半了！

簡報成功的關鍵不外乎內容設計與表達方式二大要素，首先將以表達方式的部份來著墨。

在公司內每次簡報的場合幾乎也是老闆們私底下觀察部屬表現與打分數時機，要準備報告資料與設計簡報內容已夠傷腦筋了，又得上台面對上司、同事...等觀眾們，有時還會遇到一些突發性的問題，這時如果對簡報內容了解不夠完全與準備不夠充足，表達技巧不夠好的人，往往就會表現失常。

形象、態度

表達方式大致分為：形象、態度和聲音，西方學者雅伯特・馬伯藍比 (Albert Mebrabian) 教授研究出的「7/38/55」定律，說明旁人對我們的觀感：在整體表現上，只有 7% 取決於談話的內容；38% 在於表達談話內容的方法，也就是口氣、手勢...等；而有高達 55% 的比重決定於您的態度是否誠懇，語氣是否堅定且帶有說服力，簡單來說也就是「外表」。可見在專業形象上，外表佔了很重的份量，然而所謂的外表不是單指帥哥或美女，當您站在群眾面前，雖已排練了千次萬次，但只要一沒自信，心中有所害怕時，坐在下方的人們是可以感覺得出來的，如：吃螺絲、轉筆、咬嘴唇、摸頭髮...等肢體動作，都會令聽簡報的人們對您失去信任感，也會表現出您不專業性的一面，讓我們一起來看看如何擁有自信又專業的形象。

眼神

目光的接觸是簡報過程中一項很重要的
溝通技巧，不要因為緊張而緊盯螢幕或
手稿，逃避與觀眾視線接觸的機會。一
開始可先試著與您較熟悉的人目光接
觸，然後再慢慢移往其他觀眾或試著和
大部分的觀眾簡單的目光交流，讓觀眾
參與整個簡報過程，彼此相互溝通，而
不是一場個人秀。如果覺得不自在時，
可再將視線移回較熟悉觀眾身上，以便
緩和緊張的情緒。

臉部表情

臉部表情可以溝通訊息和傳遞情緒，當一開始就給觀眾一個「很高興來做簡報」的
微笑，用熱情感染台下的觀眾，會令彼此感到自在，也會讓自己更有自信。報告簡
報時，切記運用臉部表情增強本身的情緒，讓整個過程不至無趣單調，然而臉部表
情也不要太過度的戲劇化，只要自然的表達出目前高興的心情就好了。

站姿

有人習慣坐在電腦前一邊控制簡報一邊
報告，這樣一來整個人都被電腦擋住，
無法與下方觀眾有效的互動與溝通，而
且坐在椅子上說話時也較不易發聲。

簡報時的站姿要很有精神地站直，不要
無精打彩地靠著牆壁或桌子，這樣會看
起來不專業也較沒自信。正確的站姿是
兩肩放鬆，挺胸、縮腹，脊椎挺直，切
忌兩腿交叉的站姿。

手勢

使用手勢可以強化簡報的說明，吸引台下的目光，例如：OK 或一級棒...等的強調。如果沒做手勢時，手可以自然地放在身體兩側，但要注意不要把手放在背後、口袋或抱在胸前，這樣會顯得太為隨性不夠專業。

外表

簡報者的穿著是給人的第一印象，如何穿的專業且值得信任是很重要的。穿著要適合場合，不可太休閒，也不要太誇張，另外建議不要穿著新衣服新鞋子來報告，不熟悉的衣物可能會讓自己產生其他的不確認感。以下幾點女性、男性的穿著原則提供您參考：

女性的穿著原則：
• 建議穿套裝，不要穿無袖無領的衣服。
• 髮型整齊端莊、適當的化妝。
• 裙長不宜過短 (及膝)，建議穿著代表專業的深色基本款。
• 飾品盡量以簡單大方為主。
• 鞋子也要搭配衣服，以保守、舒服為主。不建議露腳指與細跟的款式。另外如果有穿絲襪的話，建議多帶一雙備用，萬一不小心勾到了，可以替換。

男性的穿著原則：
• 建議穿西裝、領帶、襯衫(要熨平)，顏色保守為宜，避免不尋常的風格。
• 領帶是男性服裝一個重點部分，請與襯衫色彩搭配，避免有文字或是圖案或是太怪異的樣式。
• 鞋、襪的顏色要協調，深色為佳。
• 飾品盡量簡單，一隻手只能帶一個戒指，手錶以保守樣式為宜。
• 髮型以乾淨俐落、整齊大方為宜。

1.2 吸引人聆聽的説話方式

有了專業的形象，再加上正確的發聲與合適音量，整場簡報說明才能更為加分。聲音很容易透露出主講者目前是否緊張與沒自信，吃螺絲、咬字不清楚、說話速度太快...等問題都是在上台前需要改善的。

音量

簡報時的聲音要盡可能保持平穩並令人舒服的音量，太小聲台下的觀眾聽不到，太大聲又令人刺耳，且如果長時間都使用不正確的發聲方式，也容易令喉嚨受傷。當然報告時如果可以運用麥克風或其他設備輔助是最好不過的，但若沒有這些設備時還是要靠自己有效的控制發聲與音量。

音量的控制秘訣在於運用丹田發聲，而不是以喉嚨用力，這其中的訣竅可於平時透過腹式呼吸法的練習來加強：

▲ 用鼻子緩緩吸氣至腹部中，此時肺部及腹部會充滿空氣而鼓起，但還不能停止，仍然要使盡力氣來持續吸氣，不管有沒有吸進空氣，只管吸氣再吸氣。

▲ 屏住氣息 4 秒後，再用嘴巴緩緩吐氣，將空氣完全吐掉，吐氣時宜慢且長而且不要中斷。

速度

說話速度也是報告的要素，主講者的說話速度需要適中，標準大約是五分鐘三張左右的投影片，需讓台下觀眾可以聽到字字清楚、了解報告內容，不過在此要注意的是，倘若從頭到尾一直以同樣的速度或說話速度太慢，可能觀眾會覺得無聊。

發音

簡報時清晰說出每個字的發音是很重要的，咬字不清楚時常會令人聽不懂報告的內容，尤其是中文的：「ㄕ」、「ㄙ」與「ㄈ」都是較常聽到的咬字問題。

正確的發音是可以練習的，練習前可先做些臉部肌肉放鬆的運動，再透過閱讀報紙、繞口令、詩詞，或聆聽電視新聞播報員的發音咬字...等方式自我訓練，都是不錯的方式。

語調

相同的一句話，不同的語調會表現出不同重點。簡報時，如果只是像唸課文般的從頭唸到尾，不但無法吸引台下觀眾聆聽，也令人覺得乏味，那要如何改善呢？首先需將簡報內容熟讀，了解內容主旨與重點，在需要強調的部份以較大聲或較慢的方式說出，可以加上幾秒鐘的停頓或戲劇化而不誇張的語調表現方式，來增強內容抑揚頓挫的變化。

口頭禪

克服口頭禪的方法就是將簡報的內容一讀再讀，記住內容，直到能很流利的唸出來為止，或者也可以用錄音機錄下自己唸出的簡報內容，之後播放出來再加以檢討改進。最後還可請朋友來充當觀眾，專門針對您常犯的口頭禪予以糾正。

1.3 掌握觀眾需求與互動

配合觀眾的期望來準備簡報內容,是相當重要的前提!確定簡報主題後,如果能夠再知道觀眾的基本資訊,那麼設計簡報內容與排練演說方式時,就可以將觀眾的特性一起融入。

引起興趣

同樣主題的簡報可以設計的很淺也可以設計得很深,如果觀眾對所要講的主題已經很熟悉,您還由最基本觀念開始講會令人不感興趣;反之,如果觀眾對主題一點也不熟悉,您一下子就切入核心,又以專有名詞、英文簡稱來說明,這樣只會讓觀眾對簡報內容充滿挫折,自然就會變成一場失敗的簡報。

觀眾的年齡層、性別、教育程度、工作性質、參與動機、想從演講中得到什麼、對主題的熟悉度、人數有多少...等資料,是主講者需要事先了解的,以大多數人的特性為方向來調整將有助於您簡報的設計,讓觀眾都能與您報告的內容同步。

引起注意力

一般觀眾對會議的專注力只有開講後的十分鐘,之後就要由主講者展現個人魅力與觀眾互動或穿插能吸引人的事情,才能再度將觀眾拉回您的簡報中。

簡報過程中,主講者可以依主題、觀眾的狀況改變報告的位置,例如可以在講桌後方走到前方、如果是坐著說明可試著站起來或走入人群中說明...等,但移動位置時要注意,是以有目的的走動或調整位置,而不是緊張的四處晃動。

另外在簡報過程中提出一些有獎問題、腦筋急轉彎或用一些小教材做比例與實驗,讓觀眾由被動的傾聽變成主動參與,不但可炒熱現場氣氛,也可以將觀眾的注意力拉回主講者身上。

克服上台恐懼

很多人都有這樣的經驗，只要一上台就會頭皮發麻、兩腳發軟、額頭冒汗...等狀況，這些都是所謂上台的恐懼症，接下來透過以下一些簡單的方式，輕鬆克服您上台的恐懼感！

上台之後所產生的一些生理狀況，不外乎是對自己沒有自信，害怕會出糗的不安心情：我是否準備充份？觀眾會喜歡聽嗎？會不會一上台就忘了要講什麼？

熟悉場地：每位主講者上台都會緊張，建議您可以提早或事先到會場認識環境與熟悉設備，看看是否有需要調整的部份，例如：麥克風、白板、雷射指示筆、講台、電腦的位置...等。

熟悉講稿：簡報內容的一再練習，對著鏡子、家人或朋友練習都不失為訓練膽量的方法，信心是簡報成功關鍵，如果對內容愈熟悉，講得就愈順也愈有信心，聽眾就愈信服愈肯定您。

放鬆自己：深深吸一口氣，數到十，再由嘴巴呼出，放鬆自己才能有出色的表現，前面一再提到外表、態度、聲音、練習...等項目的改善，可是到最重要的時刻還是緊張的不得了該怎辦呢？其實簡單的運動也是放鬆緊張的好方法，上台前找一處私密的空間，做一些跳躍、小跑步或臉部的運動。

設想演講時的情景：想像整個簡報過程成功的畫面，您是受觀眾歡迎的，簡報內容是吸引大家的，觀眾在最後熱烈的回應與掌聲，讓自己充滿自信的上台報告吧！把緊張轉化為積極的動力，最後將常見的上台恐懼症調整方法列於下方供您參考：

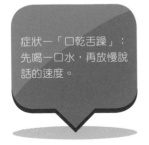

症狀一「口乾舌躁」：先喝一口水，再放慢說話的速度。

症狀二「呼吸困難」：做深呼吸。呼吸練習可以幫助安定神經，讓手腳不會發抖。

症狀三「吃螺絲」：放慢說話速度。

1.5 最後的檢查準備

當已完成簡報內容與前面所提的各項練習，最後還剩下幾項準備工作，可以讓您的簡報更加分。

講義的準備：一般來說簡報過後，大部分的觀眾很容易會忘了您精心準備的內容，或簡報過程中因忙於做筆記而無法專心聆聽主講者的報告，這時如果可以事先將簡報內容列印成書面文字，甚至包含其他補充資料與主講者的各人資料...等，不但可以讓觀眾輕鬆做筆記，也可加深對您的印象。(有關 PowerPoint 簡報作品列印成講義的方法，請參考第十三章說明，建議設定為 **每頁 3 張投影片** 的模式，會於縮圖右側列印出格線，方便您做筆記。)

檢視設備：簡報時最常用到的幾項硬體設備就是投影機、投射螢幕、喇叭音效與電腦，您需要先確認場地是否提供相關的設備，如果沒有時就需自行準備。完美的簡報內容與準備萬全的主講人，如果缺少了播放的設備就如萬事俱備只欠東風囉！主講人最好站在投射螢幕的左方，一方面較不會遮到簡報內容，另一方面觀眾的視線動向也較容易於簡報內容中遊走。而投影機與電腦間是否可以配合以及資料傳輸轉換的方式，請參考該設備的說明書或請教相關人員，避免簡報時臨時出問題。

掌握以上重點，相信您一定可以完成一場成功的簡報！

簡報設計技巧

1.6

簡報內容並不需要洋洋灑灑的寫出長篇大論，而是在訂好題目與大綱後，把重要的觀念和關鍵字列入，再加上創意、圖表、SmartArt 圖形、動畫、音效...等工具來輔助，讓簡報不再生硬無趣。

在將所有相關資料準備完畢後，就可開始動手設計簡報了！以下就設計簡報內容常用的技巧列項說明：

01
標題文字：
標題是每張投影片第一眼的印象，建議不超過五至八個字，可適度的放大 (約 40 pt 以上的字體)，簡潔有力地傳達此張投影片的重點，並使用與背景色對比強烈的色彩，強調其重要性。

02
簡報內容：
每張投影片傳達一至二個概念效果最好，過多的概念會令觀賞的人負擔太重，也不易吸收，而投影片的內容最好簡化為條列項目或透過圖片、SmartArt 圖形來加強，其餘內容則在演說時補充說明，千萬不能將所有密密麻麻的文字內容全貼上去。

03
字體大小與字型：
盡量讓投影片內容的字體放大，不要讓觀眾瞇著眼睛看，一張投影片建議不超過八行內容，每行的字數也不要太多，以確保最後一排的觀眾也能清楚的看到簡報內容。另外，在簡報中如果使用較特殊的字體，記得要於存檔時設定檔案內嵌字型。

04
善用「圖表」與「SmartArt 圖形」：
圖形的表示方式有時候會比文字的效果更好，圖表與 SmartArt 圖形可以幫助簡報者突顯內容的重點性，以及用動態的視覺效果說明流程、概念、階層和關係，為簡報增添豐富的視覺效果和多樣性。

1.7 進入 PowerPoint

PowerPoint 這套軟體可以於最短的時間內完成一份圖文並茂、生動活潑的簡報,讓您的專題報告不再是一成不變的文字內容。

開啟空白簡報

01 於 **開始** 畫面中選按 **PowerPoint** 應用程式動態磚,開啟 PowerPoint 軟體。

02 開啟 PowerPoint 軟體後,請選按 **空白簡報** 開啟一份新的空白簡報頁面,並可以隨時開始編輯內容。

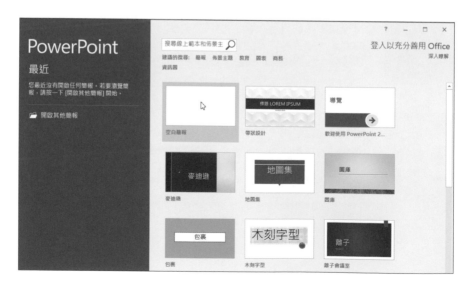

03 如果想要再另外建立一個新的檔案時，可以於 **檔案** 索引標籤選按 **新增 \ 空白簡報**。

關閉 PowerPoint

結束 PowerPoint 軟體操作時，可於視窗右上角的 ⊠ **關閉** 鈕上按一下滑鼠左鍵，或於 **檔案** 索引標籤選按 **關閉**。

認識 PowerPoint 操作介面

PowerPoint 的操作環境,可協助建立、發表以及共同製作更具影響力的簡報。現在先介紹最重要的功能及工具,讓操作更容易上手!

環境功能介紹

透過下圖標示,熟悉各項功能的所在位置,讓您在接下來的操作過程中,可以更加得心應手。

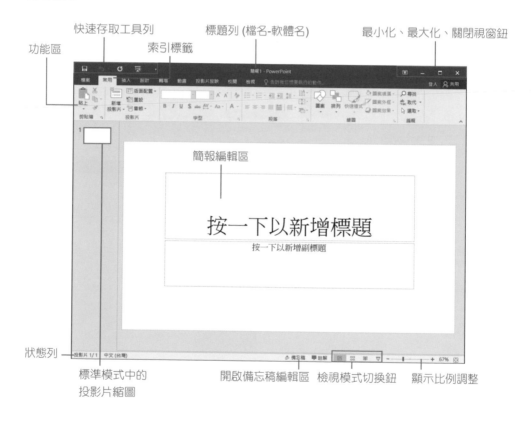

功能區與索引標籤

功能區位於 PowerPoint 視窗頂端，將工作依特性分成 **檔案、常用、插入、設計、轉場、動畫、投影片放映、校閱、檢視** 九大索引標籤 (2019 版本多了 **說明** 索引標籤)，每個索引標籤下包含數個相關群組，而每個群組又包含多項功能。

開啟 PowerPoint 新文件時，預設會開啟 **常用** 索引標籤，若想要切換至其他索引標籤時，只要在上方索引標籤名稱上按一下滑鼠左鍵。

功能群組的右下角若有 ![對話方塊啟動器圖示] 對話方塊啟動器圖示時，按一下可以開啟相關功能的對話方塊，進行更細部設定。(此例練習於 **常用** 索引標籤選按 **字型** 對話方塊啟動器)

![TIPS]

關於功能區及索引標籤顯示狀態

1. 當功能區範圍變小時，其中的功能按鈕會平行縮小，隱藏至主要功能底下或僅顯示圖示，此時只要再將視窗放至最大或利用工具提示，正確選按想要的功能按鈕。

2. 為了讓 PowerPoint 畫面不致於太過零亂，某些索引標籤只會在執行相關工作時才會出現。例如：選取圖片時，會出現 **圖片工具 \ 格式** 索引標籤。

快速存取工具列

快速存取工具列位於 **檔案** 索引標籤的
上方,可以將一些常用的功能按鈕,例
如:儲存檔案、復原...等整理於此處,
方便快速執行。

▲ 選按快速存取工具列最右側的 ▪ **自訂快
速存取工具列** 鈕,可以將常用的功能按鈕
新增於其中。

詳盡的工具提示

PowerPoint 功能強大,在操作時卻不
一定了解每個按鈕的實際作用,這時候
只要將滑鼠指標移至功能區的各項按鈕
上方,便會自動顯示名稱、快捷鍵與更
詳細的功能提示,減少您摸索時間。

▲ 若想知道更多的說明時,可以直接按 **F1**
鍵開啟 **PowerPoint 說明** 視窗。

呼叫功能區快速鍵提示

對於鍵盤操作較為得心應手的人,可以
利用以下介紹的 **Alt** 鍵,會在功能區中
顯示該功能的快速鍵提示,藉此加速操
作的流程!(過程中按 **Esc** 鍵可取消顯
示快速鍵提示)

▲ 按 **Alt** 鍵,會看到功能區顯示按鍵提
示,接著按鍵盤上的 **H** 鍵可切換至 **常用**
索引標籤。

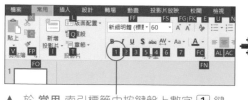

▲ 於 **常用** 索引標籤中按鍵盤上數字 **1** 鍵

▲ 如此就執行選按 **粗體** 功能。

功能區的隱藏與顯示

01 若功能區會影響文件的編輯範圍時，可以於功能區右上角選按 ⊡ **功能區顯示 選項** 鈕，清單中選按 **自動隱藏功能區**，此時功能區會自動隱藏。

▲ 若要暫時顯示功能區，可以將滑鼠指標移至工作表最頂端，在橘色區塊上按一下滑鼠左鍵。

02 於功能區右上角選按 ⊡ **功能區顯示選項** 鈕，於清單中選按 **顯示索引標籤**，此時會僅顯示功能區的索引標籤，要顯示索引標籤下方的命令時，只要將滑鼠指標移至索引標籤上，按一下滑鼠左鍵。

03 想要完整顯示索引標籤及命令時，可以於功能區右上角選按 ⊡ **功能區顯示選項** 鈕，於清單中選按 **顯示索引標籤和命令**。

─ T I P S ─

摺疊功能區

功能區除了可以透過右上角的 ⊡ **功能區顯示選項** 鈕進行隱藏或顯示，也可以直接在功能區上按一下滑鼠右鍵，選按 **摺疊功能區** 以達到相同目的。

填充題

試將下列的 PowerPoint 操作介面相關名稱，填寫於適當的位置。

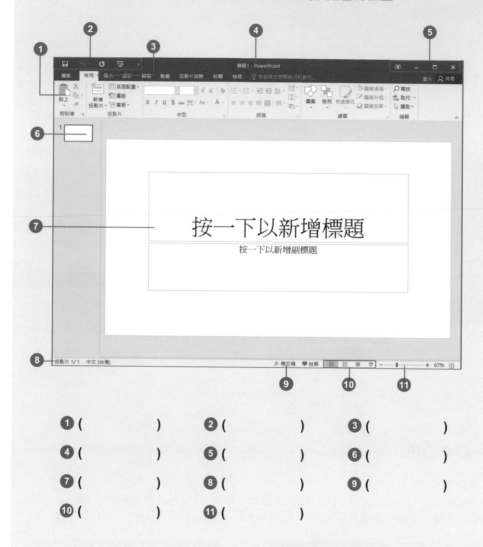

① (　　　　　　　)　② (　　　　　　　)　③ (　　　　　　　)

④ (　　　　　　　)　⑤ (　　　　　　　)　⑥ (　　　　　　　)

⑦ (　　　　　　　)　⑧ (　　　　　　　)　⑨ (　　　　　　　)

⑩ (　　　　　　　)　⑪ (　　　　　　　)

02

水色威尼斯簡報
快速完成一份簡報

範本・投影片大小

投影片文字・變更圖片

儲存・放映

此章運用 PowerPoint 中已安裝的範本製作第一份簡報，範本提供了各種不同的主題和版面配置，可以選擇最合適的範本再加以修改其中的文字和設計，快速完成簡報作品，讓剛開始製作簡報的您更加得心應手。

- 快速套用範本
- 變更投影片大小
- 刪除與新增投影片
- 變更範本中預設的圖片
- 縮放圖片大小

- 加入自己拍攝的相片
- 調整圖片顯示範圍
- 投影片文字編修
- 移動文字方塊
- 刪除文字方塊

- 設計與調整文字方塊
- 儲存檔案
- 投影片放映

原始檔：<本書範例 \ ch02 \ 原始檔 \ 水色威尼斯.txt>。
完成檔：<本書範例 \ ch02 \ 完成檔 \ 水色威尼斯.pptx>。

2.1 快速套用主題式範本

PowerPoint 範本搭配 **佈景主題** 輕鬆快速地設計整份簡報格式，包括色彩、字型，以及效果...等，讓簡報作品擁有專業及設計感的外觀。此範例以關鍵字搜尋合適的範本，瀏覽過後下載套用。

01 開啟 PowerPoint 後於左側選按 **新增**，接著在搜尋欄位輸入關鍵字「相簿」，再按右側 🔍 **開始搜尋** 鈕。

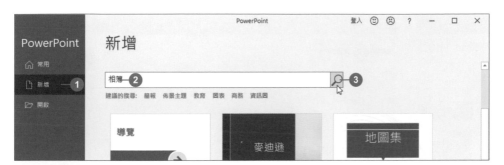

02 在搜尋結果中選按 **公路旅行相簿**，再選按 **建立** 鈕。

2.2 變更投影片大小

現在市面上常見的電腦螢幕大都已經改採寬螢幕 (16:9) 的比例，但蠻多投影布幕還是以標準 (4:3) 比例製作，PowerPoint 也貼心提供這二種大小讓使用者可以輕鬆切換。

01 下載回來的範本，投影片為 16:9 比例，如果想要變更為 4:3 標準比例，請於 **設計** 索引標籤選按 **投影片大小 \ 標準 (4:3)**。

02 為了確保可以看到所有投影片的內容，於對話方塊選按 **確保最適大小** 鈕，投影片會由原本的 16:9 比例，調整為 4:3 比例，而整個版面配置也會因為大小的改變，而有些微調整。

資訊補給站

關於調整投影片大小

更改投影片大小時，如果 PowerPoint 無法自動縮放內容，會出現如下的對話方塊，並可以透過二個項目調整：

- **最大化**：選按此鈕會放大投影片內容，卻可能導致內容無法配合投影片大小。

- **確保最適大小**：選按此鈕會縮小投影片內容，但可以看到投影片上的所有內容。

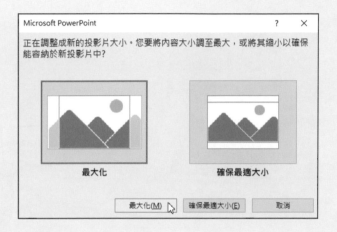

自訂投影片大小

如果要自訂投影片大小，可以於 **設計** 索引標籤選按 **投影片大小 \ 自訂投影片大小**，開啟的對話方塊中，設定寬度、高度及方向。

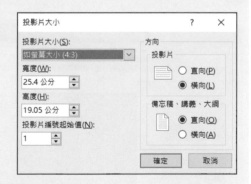

2.3 刪除與新增投影片

範本中自動產生的投影片，有些版面並不符合這次作品想要呈現的，所以開始製作前，先為簡報進行簡單的刪除與新增投影片動作。

刪除投影片

01 於左側 **投影片** 窗格內選取第三張投影片縮圖，按 [Shift] 鍵不放，再選取四至第八張投影片，共六張投影片，在選取的投影片上按一下滑鼠右鍵，選按 **刪除投影片**。

02 刪除後僅留下第一、二張投影片。

新增不同版面配置的投影片

接著依此範例主題挑選合適的版面配置樣式新增投影片，在此要新增二頁範本中已設計好的 **2 張垂直的大型影像** 版面配置。所謂 **版面配置** 是定義新投影片上內容擺放的位置，版面配置含有版面配置區，這些配置區會依序保留文字、圖形、表格、圖表、圖片...等物件的位置；不同範本中可套用的版面配置樣式也不盡相同。

01 於 **常用** 索引標籤選按 **新投影片** 清單鈕 \ **2 張垂直的大型影像**。

02 同樣的，再於 **常用** 索引標籤選按 **新投影片** 清單鈕 \ **2 張垂直的大型影像**，可於左側窗格發現新增了二張指定的版面配置投影片。

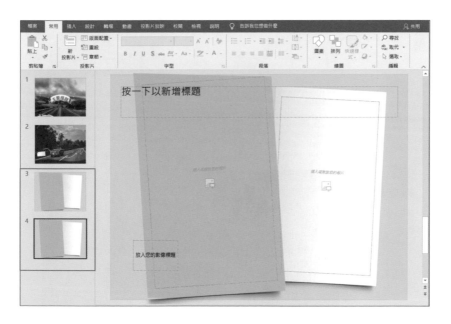

2.4 變更範本中預設的圖片

範本一開啟，部份投影片會已設計了背景圖片，如果想要根據簡報內容更換為自己的圖片、相片，可以參考下方操作。

變更圖片

01 切換至第一張投影片，在預設圖片上按一下滑鼠右鍵，選按 **變更圖片** 開啟 **插入圖片** 視窗，再選按 **從檔案 (**或 **變更圖片 \ 從檔案)** 開啟對話方塊，選取範例原始檔 <photo \ 001.jpg>，再按 **插入** 鈕。

02 會發現原來範本中的圖片，已替換成新的圖片。

03 相同方法，切換至第二張投影片，在預設圖片上按一下滑鼠右鍵，選按 **變更圖片** 開啟 **插入圖片** 視窗，再選按 **從檔案** (或 **變更圖片 \ 從檔案**) 開啟對話方塊，選取範例原始檔 <photo \ 002.jpg>，再按 **插入** 鈕。

04 會發現原來範本中的圖片，已替換成新的圖片。

縮放圖片大小

如果發現圖片與範本設計的尺寸不太一樣，可以稍加調整圖片大小。

01 切換至第一張投影片，選取圖片，將滑鼠指標移至圖片上方中間白色控點上呈 ↕ 狀，按滑鼠左鍵不放，往上拖曳該控點至投影片上邊緣處。(若拖曳圖片角落的四個白色控點，可正比例縮放。)

02 相同方式，將滑鼠指標移至圖片下方中間白色控點上呈 ↕ 狀，按滑鼠左鍵不放，往下拖曳該控點至投影片下邊緣處。

03 切換至第二張投影片，以上述相同方式調整圖片大小。

2.5 加入自己拍攝的相片

範本中，各種版面配置都已預先設計好圖片擺放的配置區，只要輕鬆
指定要加入的圖片，即會自動依該配置區的設計調整！

插入圖片檔

01 切換至第三張投影片，在左圖框 🖼 鈕上按一下滑鼠左鍵。

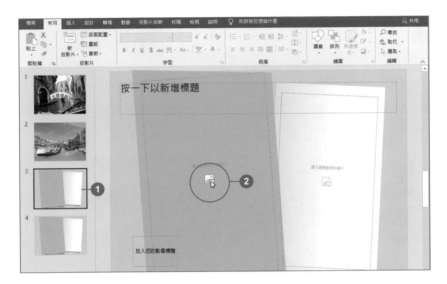

02 選取範例原始檔 <photo> 資料夾中的 <003.jpg> 圖檔，再按 **插入** 鈕。

03 相同方式，為右畫框插入範例原始檔 <photo> 資料夾中的 <004.jpg> 圖檔。

04 相同方式，為第四張投影片插入範例原始檔 <photo> 資料夾中的 <005.jpg>、<006.jpg> 圖檔。

調整圖片顯示範圍

插入圖片時，預設會依圖片配置區的大小選擇最合適的方式填滿，如果顯示的圖片範圍不是想要的區域，可如下操作方式調整：

01 切換至第三張投影片，選取右側圖片，於 **圖片工具 \ 格式** 索引標籤選按 **裁剪**。

02 在 **裁剪** 模式下，可看到圖片完整區域 (圖片暗色部分代表不顯示的區域)，將滑鼠指標移至裁剪控點內呈 ✛ 狀，按住滑鼠左鍵拖曳可移動圖片至合適位置，將滑鼠指標移至白色控點上呈 ↕ 狀，按住滑鼠左鍵拖曳可縮放圖片大小，再選按一次 **裁剪** 即完成變更。

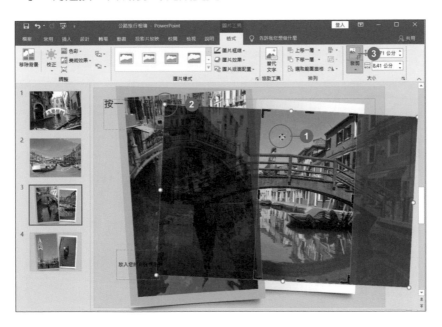

投影片文字編修

為避免主題失焦,簡報可以利用標題及文字說明強調每張投影片的
重點,文字的設計要注意習慣性讀寫方向,由左至右、由上至下,
再運用文字大小、字型或顏色區分標題和內文。

輸入並設定文字格式

01 切換至第一張投影片,選取「主要標題」文字,再輸入「水色威尼斯」標題
文字。

02 選取「水色威尼斯」標題文字,於 **常用** 索引標籤設定 **字型**、**字型大小**,接著
選按 **字型色彩** 清單鈕,再選按 **藍灰色, 文字2** 完成文字顏色設定。

03 開啟範例原始檔 <水色威尼斯.txt>，選取要貼入第一張投影片的副標題文字，按一下滑鼠右鍵選按 **複製**。

04 於第一張投影片副標題文字方塊中按一下，先設定合適的 **字型**、**字型大小**，按 Ctrl + V 鍵將剛才複製的文字貼上。

移動文字方塊

調整第一張投影片標題與副標題文字方塊物件的位置。

01 於標題文字方塊上按一下滑鼠左鍵呈輸入狀態，再將滑鼠指標移至文字方塊的框線上呈 ⁗ 狀，按住滑鼠左鍵拖曳至合適的位置擺放。(拖曳過程中可利用紅色的對齊虛線精準移動)

02 相同方式，將副標題文字方塊移至如右圖合適的位置擺放。

刪除文字方塊

切換至第二張投影片，刪除範本中將不需要的文字方塊與物件設計。

01 將滑鼠指標移至文字方塊的框線上呈 🕀 狀，按一下滑鼠左鍵選取，再按 Del 鍵即可刪除選取的文字方塊。

02 相同方式，將滑鼠指標移至範本中設計的白色矩形物件上呈 🕀 狀，按一下滑鼠左鍵選取，再按 Del 鍵即可刪除該物件。

設計與調整文字方塊

為每張相片搭配相關的說明文字，讓瀏覽時更聚焦。

01 開啟範例原始檔 <水色威尼斯.txt>，選取要貼入第三張投影片的說明文字，按一下滑鼠右鍵選按 **複製**。

02 於第三張投影片左下角說明文字方塊中按一下，如下圖先設定合適的 **字型**、**字型大小**、**色彩 (金色, 輔色4)**、**對齊方式 (靠右對齊)**。

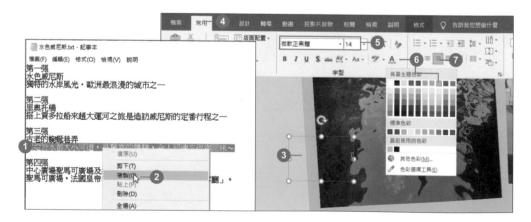

03 按 Ctrl + V 鍵將剛才複製的文字貼上，

04 選取文字方塊物件，將滑鼠指標移至白色控點上呈 ↕ 狀，按住滑鼠左鍵拖曳，如下圖縮放文字方塊物件大小。

05 選取文字方塊物件，將滑鼠指標移至文字方塊的框線上呈 ⬥ 狀，按住滑鼠左鍵拖曳，如下圖移到投影片右下角合適的位置擺放。

06　為文字方塊填滿色彩：選取文字方塊物件，於 **繪圖工具 \ 格式** 索引標籤選按 **圖案填滿 \ 其他填滿色彩**，在此選按 **黑色**，再設定 **透明：30%**，按 **確定** 鈕，完成此說明文字塊的設計。

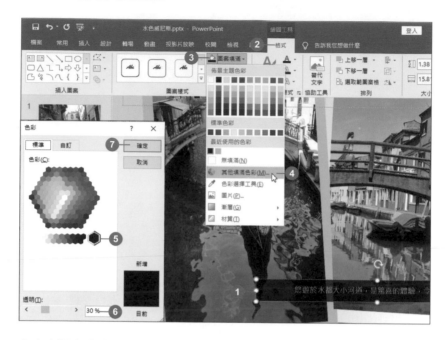

07　產生小標文字方塊：選取前面製作好的文字方塊物件，按 Ctrl + C 鍵，再按按 Ctrl + V 鍵，再製一個相同的說明文字方塊。

開啟範例原始檔 <水色威尼斯.txt>，選取要貼入第三張投影片的小標文字，按一下滑鼠右鍵選按 **複製**，回到簡報選取再製出來的說明文字方塊，選取文字後按 Ctrl + V 鍵將剛才複製的文字貼上。

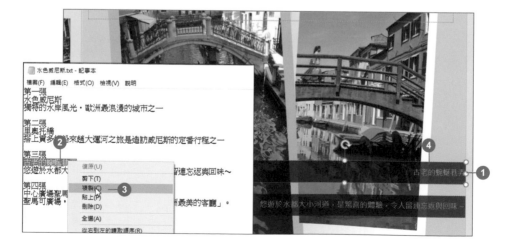

08 調整小標文字方塊：選取小標文字方塊物件，設定合適的 **字型大小** 與 **對齊方式 (置中)**，再縮小文字方塊物件並移至如圖位置擺放。

09 為小標文字方塊填滿合適色彩：選取小標文字方塊物件，將 **字型色彩** 改成 **黑色**，再於 **繪圖工具 \ 格式** 索引標籤選按 **圖案填滿 \ 其他填滿色彩**，在此選按 **金色**，再設定 **透明：0%**，按 **確定** 鈕，完成此小標文字塊的設計。

10 最後於第三張投影片按 Shift 鍵一一選取說明及小標二個文字方塊物件，按 Ctrl + C 鍵複製。

切換至第四張、第二張投影片，如下圖按 Ctrl + V 鍵貼上，並於 <水色威尼斯.txt> 複製相關文字貼入，完成這份作品的製作。

儲存檔案

2.7

最後要將此份簡報進行存檔的動作，才能完整保存此作品。建議在輸入一部分資料時，可隨時進行儲存動作，這樣才不會因為遇到當機、停電而流失資料。

01 於 **檔案** 索引標籤選按 **儲存檔案**，若是第一次儲存檔案，會自動切換到 **另存新檔** 項目，選按 **這台電腦 \ 瀏覽** 開啟對話方塊。

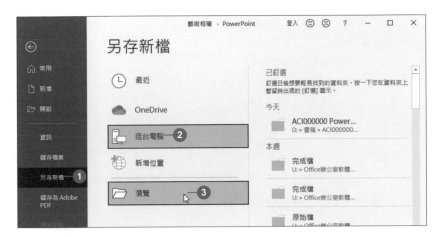

02 選取檔案儲存位置，輸入檔案名稱，再按 **儲存** 鈕。

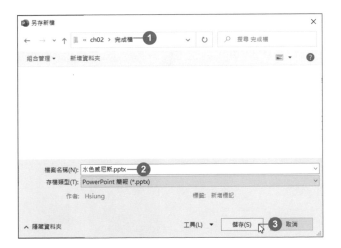

將個人 PowerPoint 作品儲存為範本

完成的作品常包含完整的樣式設定與內容配置，這時如果將它儲存成範本，不但可以在下次製作時，開啟範本依照內建的樣式進行修改，更可以統一簡報規格。

請開啟要儲存為範本的檔案，於 **檔案** 索引標籤選按 **另存新檔 \ 這台電腦 \ 瀏覽** 開啟 **另存新檔** 對話方塊，如下設定將作品儲存為範本。

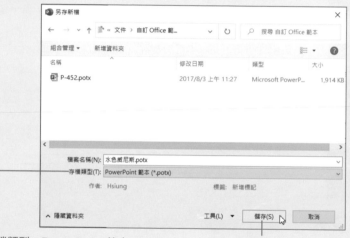

選按 **存檔類型：PowerPoint 範本(*.potx)**，會自動開啟 <C:\Users \ 登入者名稱 \ 文件 \ 自訂 Office 範本> 資料夾。

輸入 **檔案名稱** 後按 **儲存** 鈕，回到活頁簿中，會發現上方標題列標示的檔名變成「*.potx」，表示完成範本的建立。

當下次於 **檔案** 索引標籤選按 **新增 \個人**，可以看到之前儲存的範本，選按開啟即可使用。

將文件儲存 97-2003 檔案類型

PowerPoint 預設儲存的文件格式為 「*.pptx」 格式，"x" 代表 XML，是一種經過壓縮的格式，可有效減少檔案大小。然而舊版 (PowerPoint 97-2003) Office 軟體卻無法開啟此新格式檔案，所以為了不造成舊版軟體使用者無法開啟檔案的窘況，可用以下方式設定存檔類型：

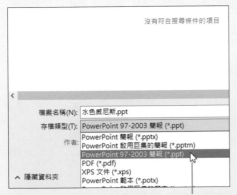

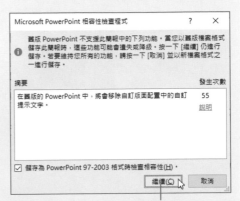

▲ 在 另存新檔 對話方塊中，於 存檔類型 清單選按 PowerPoint 97-2003 簡報 (*.ppt)，並按 儲存 鈕。

▲ 這時會因為之間的相容性而產生警告對話方塊，提醒使用者舊版軟體所不能支援的功能。按 繼續 鈕執行儲存動作，按 取消 鈕則不儲存。

完成儲存後，當再度開啟此檔案，會發現在簡報的標題列多了 [相容模式] 文字，即表示這個檔案可以在舊版軟體開啟。

手動檢查檔案的相容性

若需要手動檢查檔案的相容性，以便了解舊版 PowerPoint 所不支援的功能，可以於 檔案 索引標籤選按 資訊 \ 檢查問題 \ 檢查相容性，開啟檢查程式執行。

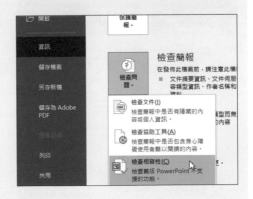

2.8 投影片放映

完成製作的簡報作品,可以透過放映觀看整體簡的展現效果。

01 選按狀態列右側 🖵 **投影片放映** 鈕,或於 **投影片放映** 索引標籤選按 **從首張投影片**,即可放映並觀賞此簡報作品。

02 放映的過程中,可以透過滑鼠左鍵或鍵盤上的方向鍵進行投影片切換。若按 Esc 鍵,或是按一下滑鼠右鍵選按 **結束放映**,均可中斷放映的過程。

延 伸 練 習

實作題

請依如下提示完成「風情義大利」作品。

1. 搜尋「相簿」範本,選擇 **簡易婚禮相簿** 範本,按 **建立** 鈕。

2. 刪除範本中第二張至第二十九張投影片。

3. 於 **常用** 索引標籤選按 **新投影片**,進行新增不同版面配置的設定:

   第二張投影片:設定 **含標題的左側圖片**。

   第三張投影片:設定 **含標題的四張右側圖片**。

   第四張投影片:設定 **一張圖片**。

▲ 第二張投影片。　　　　　　　　　　　　　　　　　　▲ 第三張投影片。

▲ 第四張投影片。

4. 參考上一頁的完成圖，於第一張至第四張投影片，分別貼入 <風情義大利.txt> 文字，並設定合適的 **字型、字型大小**。

5. 切換至第一張投影片，在預設的圖片上按一下滑鼠右鍵，選按 **變更圖片**，選取延伸練習原始檔 <photo> 資料夾中的 <001.jpg> 圖檔。

6. 第二張投影片：插入延伸練習原始檔 <photo> 資料夾中的 <002.jpg> 圖檔。

   第三張投影片：插入延伸練習原始檔 <photo> 資料夾中的 <003.jpg>、<004.jpg>、<005.jpg>、<006.jpg> 圖檔。

   第四張投影片：插入延伸練習原始檔 <photo> 資料夾中的 <007.jpg> 圖檔。

7. 完成囉！別忘了儲存作品，最後於 **投影片放映** 索引標籤選按 **從首張投影片**，放映並觀賞此簡報作品。

03

健康飲食簡報
文字的整合應用

貼上外部文字・行距・段距

項目符號・編號

縮排・文字方向

取代字型・內嵌字型

此章說明如何在 PowerPoint 中進行：貼上外部的文字、調整行距、加入自動編號與項目符號...等文字相關編輯動作，讓整份簡報可以透過文字傳達相關資訊。

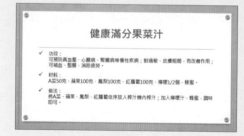

- ➕ 文字設計原則
- ➕ 簡報中貼上外部文字
- ➕ 貼入純文字
- ➕ 貼入網頁文字
- ➕ 行距與段距的調整
- ➕ 加入項目符號
- ➕ 更改項目符號格式
- ➕ 自訂項目符號
- ➕ 編號的使用
- ➕ 設定縮排
- ➕ 變更文字閱讀方向
- ➕ 掌握簡報字型的呈現

原始檔：<本書範例 \ ch03 \ 原始檔 \ 健康飲食.pptx>
完成檔：<本書範例 \ ch03 \ 完成檔 \ 健康飲食.pptx>

文字設計原則

3.1

投影片中文字的敘述十分重要，挑選合適的字型、字體大小、調整適當行距，可讓簡報的呈現更為專業，以下有幾點關於文字整合的設計原則提供給您。(範例完成檔 <設計原則.pptx>)

例 1：關於文字的敘述方式 (參考第一、二張投影片)

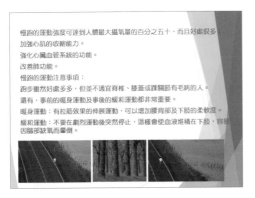

 簡報的文字內容若沒有以編號或項目符號設計，會令人無法抓住重點且注意力容易轉移。

　　○　加上編號或項目符號後，簡報文字內容的呈現更并然有序，讓人能迅速吸收。

例 2：關於字型的運用 (參考第三、四張投影片)

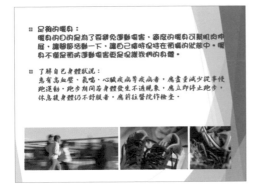

 選擇較為花俏的字型，不管是在閱讀或者視覺上都會感到不舒服。

 選擇線條較平均的字型，例如：標楷體、圓體、黑體，可以為視覺效果加分。

例 3：關於文字大小的設定 (參考第五、六張投影片)

 文字大小要依照與觀眾的觀看距離做調整，文字設定太小，會導致播放時看不清楚。

⭕ 文字大小的設定不要太大也不要太小，建議依內文或標題字區別，約設定為 18~40 之間。

例 4：關於行距的設定 (參考第七、八張投影片)

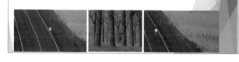

 太窄的行距不易閱讀，而太寬的行距閱讀起來缺乏一體性。

⭕ 調整適當的文字行距，才能呈現最好的閱讀效果。

在簡報中貼上外部文字

製作簡報作品時，常會運用到外部檔案或是網頁上的文字，這時需要了解文字資料正確的複製與貼上技巧。

貼入純文字

01 請開啟範例原始檔 <健康飲食文字.txt>，按 `Ctrl` + `A` 鍵選取檔案中所有文字，再選按 **編輯 \ 複製**。

02 開啟範例原始檔 <健康飲食.pptx>，切換至第四張投影片，在內容文字配置區按一下滑鼠左鍵，於 **常用** 索引標籤設定 **字型：微軟正黑體、字型大小：20 pt**。

03 按 `Ctrl` + `V` 鍵將文字貼入該文字配置區內，即完成外部文字貼入簡報的動作。

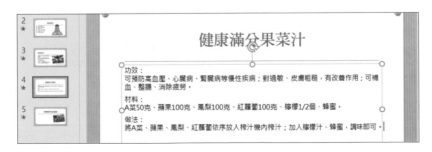

貼入網頁文字

01 簡報除了可以貼入純文字外，也可以貼入網頁文字。於瀏覽器開啟網頁「https://s.yam.com/zAMKm」(大小寫需相同)，選取如下圖的文字範圍後，按 `Ctrl` + `C` 鍵複製。

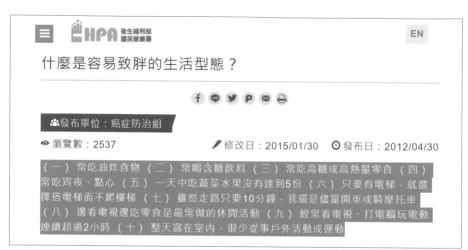

▲ 資料來源：衛生福利部國民健康署

02 回到 PowerPoint，切換至第五張投影片，在內容文字配置區按一下滑鼠左鍵，於 **常用** 索引標籤設定 **字型：微軟正黑體**、字型大小：**14 pt**。

03 按 Ctrl + V 鍵將網頁文字貼入該文字配置區內。

04 接著於右下角選按 **貼上選項\只保留文字** 鈕，讓文字直接套用剛才設定好的樣式，接著用 Enter 鍵替文字分行，完成網頁文字貼入簡報的動作。

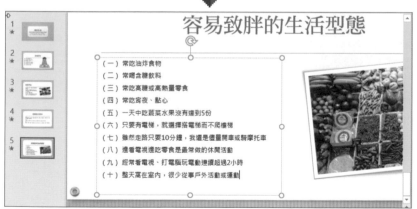

調整行距與段距

3.3

簡報中的內容不是字多就是好,最重要是讓瀏覽者看的清楚,透過文章行距與段落間距的調整,讓版面瀏覽起來更舒服。

01 選取第四張投影片的文字段落,於 **常用** 索引標籤選按 **段落** 對話方塊啟動器。

02 於 **段落** 對話方塊 **縮排和間距** 標籤設定 **間距** 項目 **前段:6 pt**、**後段:12 pt**、**行距:單行間距**,再按 **確定** 鈕完成設定。

TIPS

自動調整文字到版面配置區

當設定的文字字型大小或行距超出文字方塊範圍時,會出現 ⬆ **自動調整選項** 鈕,預設核選 **自動調整文字到版面配置區**,會自動調整字型大小,讓所有文字縮到文字方塊範圍內。

使用項目符號

3.4

項目符號的使用方式與編號十分相似，若投影片內的條列式說明內容
並沒有先後順序時，適合使用項目符號呈現。

加入項目符號

01 切換至第四張投影片，先選取要加上項目符號的文字段落。

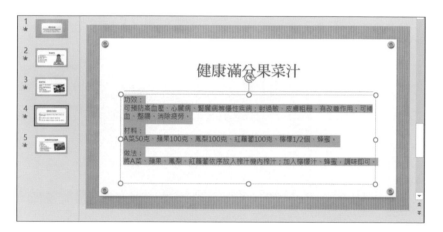

02 於 **常用** 索引標籤選按 **項目符號** 清單鈕 \ **大實心圓形項目符號**。

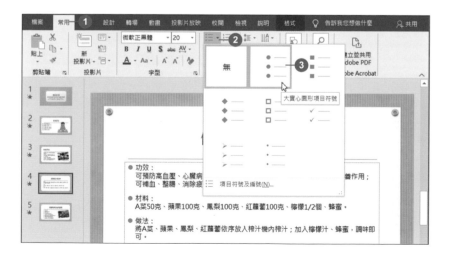

更改項目符號的格式

項目符號除了預設的樣式外，還可以調整符號的大小及顏色。

01 選取要更改項目符號的文字段落，於 **常用** 索引標籤選按 **項目符號** 清單鈕 \ **項目符號及編號**。

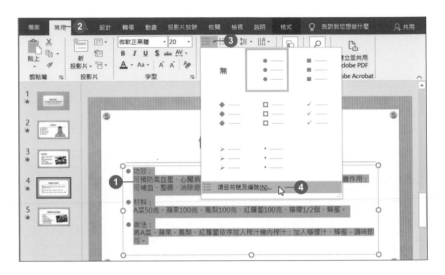

02 於 **項目符號** 標籤中選按合適的樣式，並設定 **大小** 與 **色彩**，再按 **確定** 鈕。

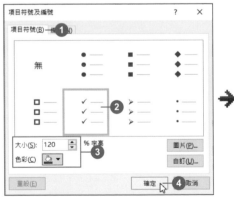

資 訊 補 給 站

自訂項目符號

如果項目符號的樣式都不符需求時,可否自訂項目符號呢?

01 先選取要更改項目符號的文字段落,於 **常用** 索引標籤選按 **項目符號** 清單 鈕 \ **項目符號及編號**,開啟對話方塊於 **項目符號** 標籤中按 **自訂** 鈕。

02 在 **符號** 對話方塊選擇合適的字型,再選取一個喜歡的符號,按二次 **確定** 鈕完成設定。

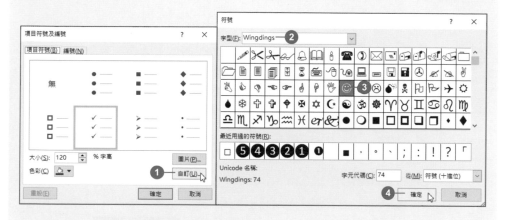

使用圖片項目符號

如果自訂符號仍然無法滿足需求,可以放置圖片做為自訂項目符號。

01 選取要更改項目符號的文字段落, 一樣於 **常用** 索引標籤選按 **項目符 號** 清單鈕 \ **項目符號及編號**,開啟 對話方塊於 **項目符號** 標籤中按 **圖 片** 鈕設定。

02 插入圖片 視窗中，提供多種管道，這裡以 **Bing 影像搜尋** (或 **線上圖片**) 為例，輸入關鍵字，按 Enter 鍵。

03 搜尋出來的圖片，可以設定篩選條件，如：**類型**、**大小**、**色彩** 及 **授權**。其中 **授權** 條件設定 **全部**，可以擴大搜尋結果，但使用圖片時需遵守智慧財產的規範，確保合法授權。選擇合適的圖片後，按 **插入** 鈕完成項目符號的自訂設定。 (PowerPoint 2019 的操作方式稍有差異，請參考 P5-11 說明)

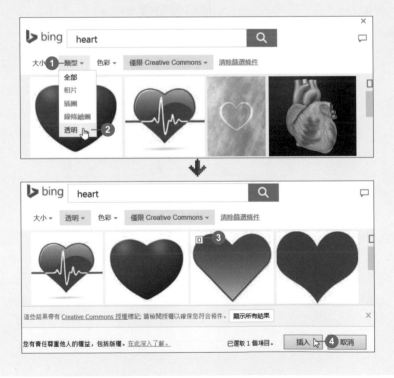

3.5 使用編號

透過自動編號，可讓大量文字的簡報內容看起來簡潔有力，常常運用在需要強調先後順序的文字內容。

新增編號

01 切換至第三張投影片，選取要加上編號的文字段落。

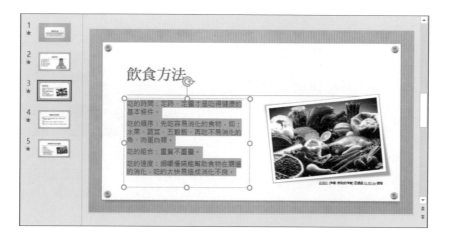

02 於 **常用** 索引標籤選按 **編號** 清單鈕 \ **1.2.3.**。

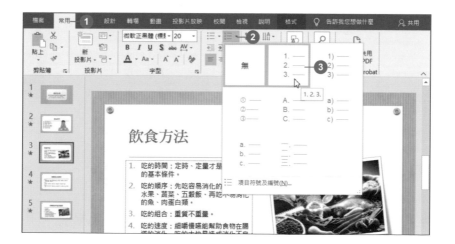

更改編號格式

更改編號格式與項目符號的方式相似：

01 選取要更改編號格式的文字段落，於 **常用** 索引標籤選按 **編號** 清單鈕 \ **項目符號及編號**。

02 於 **編號** 標籤中選按合適的樣式，並設定 **大小** 與 **色彩**，再按 **確定** 鈕。

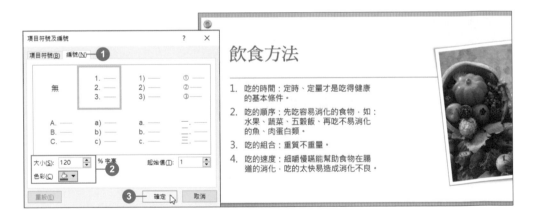

─ⓉⒾⓅⓈ─

取消編號與項目符號的設定

選取要取消編號或項目符號的文字段落，於 **常用** 索引標籤選按 **編號** 或 **項目符號**，即可取消設定。

3.6 設定縮排

在 PowerPoint 編輯投影片內的文章時,可以透過尺規設定段落的凸排及縮排哦!

01 於 **檢視** 索引標籤核選 **尺規** 進行顯示。

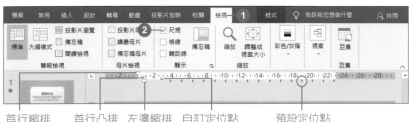

首行縮排　　首行凸排　左邊縮排　自訂定位點　　　預設定位點

● **首行縮排**:將滑鼠指標移至此標記上,按滑鼠左鍵不放左右拖曳,可控制段落第一行首字起始的位置。

● **左邊縮排**:將滑鼠指標移至此鈕上,按滑鼠左鍵不放左右拖曳,可控制段落左邊 (除第一行外) 的位置。

● **首行凸排**:將滑鼠指標移至此標記上,按滑鼠左鍵不放左右拖曳,可控制段落的第二行和後續行將比照第一行縮排。

● **預設定位點**:在文字中按 Tab 鍵時,該文字會自動移到預設的定位點位置。

● **自訂定位點**:若不想要使用預設的定位點,亦可自訂定位點。

02 切換至第四張投影片選取文字段落,然後於尺規按 **左邊縮排** 鈕不放往右拖曳,再按 **首行縮排** 鈕不放往左拖曳,將項目符號與段落文字之間的距離調整寬一些。

 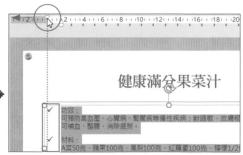

變更文字閱讀方向

簡報中的文字段落大都是橫排文字方向,但如果有文字段落需要變更為直排文字方向時,可以運用 **文字方向** 功能。

01 切換至第二張投影片,選取要設定為直排的文字段落。

02 於 **常用** 索引標籤選按 **文字方向 \ 垂直**,文字方塊內的段落即改變文字方向。

如果想要恢復原狀,只要於 **常用** 索引標籤選按 **文字方向 \ 水平**,文字會恢復為水平方向。

3.8 掌握簡報字型的呈現

如果想一次更換簡報中某個字型，或是內嵌字型到簡報中以方便他人瀏覽時，可以透過以下操作，讓您簡報的內容，不會因為字型問題而無法完整呈現。

快速更換整份簡報的指定字型

好不容易做好的簡報作品，為了調整某個字型，面對近百頁的投影片，這時要如何調整最有效率呢？在此介紹一個功能，快速解決您的問題。

01 將插入點移至要變更字型的標題文字方塊中，於 **常用** 索引標籤選按 **取代** 清單鈕 \ **取代字型** 開啟對話方塊。

02 分別設定 **取代** 與 **成為** 的字型，按 **取代** 鈕，再按 **關閉** 鈕，完成後會看到整份簡報中原來套用的「新細明體」字型，都已變更為剛才所指定的「微軟正黑體」字型。

儲存時內嵌簡報內的字型

當製作好的簡報作品拿到另一台電腦上放映時，是否常會遇到找不到字型，而以預設 **細明體** 字型取代的狀況，這時可將字型以嵌入檔案的儲存方式來解決。

01 在開啟 **另存新檔** 對話方塊的狀態下，選按 **工具 \ 儲存選項**。

02 在對話方塊的 **儲存** 項目中核選 **在檔案內嵌字型**，接著可選擇嵌入的方式：

● 如果只要嵌入簡報內容文字所使用的字 (例如，簡報中用到「文」這個字，就會儲存其字型中「文」這個字元)，核選 **只內嵌簡報中所使用的字元**。

● 若是要內嵌字集中的所有字元 (儲存所有用到的字型的所有文字)，則核選 **內嵌所有字元**。

設定好後按 **確定** 鈕，再按 **儲存** 鈕。

如果要開啟的電腦中沒有安裝該簡報的相關字型時，又開啟內嵌字型設定的簡報檔，會要求以唯讀方式開啟，可以放映但不能編輯。(嵌入字型的檔案因內含字型檔案會比較大)

實作題

請依如下提示完成「幸福花嫁」作品。

1. 開啟延伸練習原始檔 <幸福花嫁.pptx> 與 <幸福花嫁文字.txt>，參考上方完成圖，複製相關文字到第二張及第四張投影片貼上。

2. 於第二張投影片設定內文的字型格式：

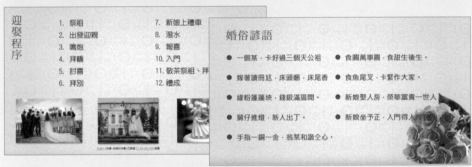

   微軟正黑體、**24 pt**、文字陰影、字型色彩：紅色。

   微軟正黑體 Light、**18 pt**。

3. 選取第二張投影片的文字段落，於 **常用** 索引標籤選按 **段落** 對話方塊啟動器，開啟對話方塊設定 **前段**：**12 pt**、**後段**：**6 pt**、**行距**：**1.5 倍行高**。

4. 按 [Ctrl] 鍵不放選取第二張投影片的「婚紗攝影」、「喜帖喜餅」、「婚禮喜宴」段落小標文字後，於 **常用** 索引標籤選按 **項目符號** 清單鈕 \ **項目符號及編號**，在對話方塊選按 **自訂** 鈕，設定 **字型：Webdings**、**字元代碼：89**，並調整符號的 **大小** 及 **色彩**。

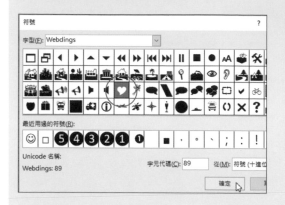

接著於尺規按 **左邊縮排** 鈕不放往右拖曳，將項目符號與段落小標文字之間的距離調整寬一些。

5. 切換到第三張投影片，按 [Ctrl] 鍵不放選取二個文字方塊，先於 **常用** 索引標籤選按 **文字方向 \ 水平** 將文字段落變更為橫排方向。接著再套用編號，並調整右側文字方塊內的編號起始值。

6. 切換到第四張投影片，針對文字段落進行設定：

設定 **字型：微軟正黑體**、**字型大小：24 pt**。

套用 **大實心圓形項目符號**，並調整符號 **色彩**。

設定 **前段：18 pt**、**後段：6 pt**、**行距：1.5 倍行高**，並於尺規拖曳 **左邊縮排** 鈕將項目符號與段落文字之間的距離調整寬一些。

04

定點慢遊簡報
多樣式動畫與特效

設計原則‧動畫效果

複製‧順序

移動路徑‧投影片切換

靜態的簡報敘述，較為平淡而且也無法引人入勝，這時如果善用 PowerPoint 的動畫特效，讓投影片上的文字、圖片和其他內容動起來，不但可以吸引眾人目光，還可強調投影片中的重點。

- ➕ 動畫設計原則
- ➕ 逐一播放條列式內文
- ➕ 設定動畫播放速度
- ➕ 調整動畫前後順序
- ➕ 動畫播放方向、時機
- ➕ 物件套用多種動畫
- ➕ 設定重複次數
- ➕ 套用移動路徑
- ➕ 複製動畫效果
- ➕ 變更、刪除動畫
- ➕ 設定動畫音效
- ➕ 投影片切換特效

原始檔：<本書範例 \ ch04 \ 原始檔 \ 定點慢遊.pptx>
完成檔：<本書範例 \ ch04 \ 完成檔 \ 定點慢遊.pptx>

動畫設計原則

設計簡報的動畫效果時避免使用太過於花俏的效果，才不會讓簡報呈現眼花撩亂的感覺，以下有幾點關於動畫的設計原則提供給您。(範例完成檔 <設計原則.pptx>)

例 1：選擇合適的動畫效果。(參考第一、二張投影片)

❌ 使用由外而內飛入的動畫效果，容易讓人感到頭昏。

⭕ 動畫效果設計上盡量避免太過花俏，讓播放時不會干擾視覺。

例 2：關於動畫的呈現順序。(參考第三、四張投影片)

❌ 內容與圖案同時出現，會讓瀏覽者一時抓不到內容焦點。

⭕ 設定內容與圖案前後的播出順序，讓簡報有條理的呈現。

例 3：掌握動畫效果的速度。(參考第五、六張投影片)

 插放時間過於冗長，不僅讓主講人無法流暢演講，也無法集中觀眾的注意力。

 動畫播放的時間盡量縮短，讓演講時能更有效率。

例 4：段落文字播放方式。(參考第七、八張投影片)

 一般人瀏覽習慣都是由上至下、由左至右或順時鐘方向，若是簡報中的段落文字由下方往上方播出，容易讓觀眾搞不清楚演講順序。

 段落文字從第一段開始播出，讓簡報看起來更井然有序，觀眾在瀏覽時視覺更加一致。

4.2 為投影片加上動畫效果

簡報內容，難道只能「靜靜地」表現嗎？透過動畫的使用，讓文字或物件以豐富的視覺效果呈現，提昇簡報的生動與活潑度。

新增進入動畫效果

01 開啟範例原始檔 <定點慢遊.pptx>，切換至第一張投影片，然後選取標題的文字方塊：

02 於 **動畫** 索引標籤選按 **新增動畫**，PowerPoint 提供四種類型的動畫效果：

▲ **進入**：物件進入投影片時播放的動畫效果。

▲ **離開**：物件結束消失時播放的動畫效果。

▲ **強調**：用以強調投影片中特定物件時所套用的動畫效果。

▲ **移動路徑**：指定物件在投影片中只能依特定路徑來移動的動畫效果。

此例將新增一個 **進入** 的動畫效果練習，於清單中選按 **其他進入效果**。

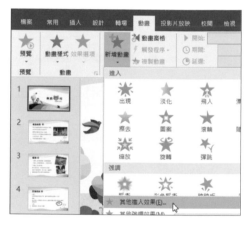

03 於 **新增進入效果** 對話方塊，選按想要套用的進入動畫效果，再按 **確定** 鈕。(此範例套用 **溫和** 項目 \ **基本縮放**)

設定動畫播放方向、時機點

初步動畫效果套用後，每個動畫效果可依其特有屬性針對動畫的播放色彩、形狀或方向...等設定，更可指定該動畫於合適的時機點播放。

01 切換至第一張投影片，選取標題的文字方塊，於 **動畫** 索引標籤選按 **效果選項**，清單中會依不同的動畫出現其專屬的效果選項，選擇合適的效果套用。

02 設定動畫特效的播放時機，分為 **按一下、與前動畫同時** (或 **隨著前動畫**) 及 **接續前動畫** 三種方式，於 **動畫** 索引標籤設定 **開始：接續前動畫**。

清單中前一個物件的動畫效果播放完畢，會接著播放此動畫效果項目。

與清單中前一個動畫項目同時播放。

按一下滑鼠左鍵開始動畫事件。

複製動畫效果

文字格式可以複製，那設計好的動畫效果是不是也可以透過 "複製"，將動畫效果快速套用在其他物件上？

01 先依照第一張投影片標題文字的設定方式，切換至第二張投影片，選取標題文字後，套用 **輕彈** 的進入動畫，並設定 **開始：接續前動畫**。

02 完成第二張投影片標題文字的動畫設定後，選取標題文字，於 **動畫** 索引標籤選按 **複製動畫**。

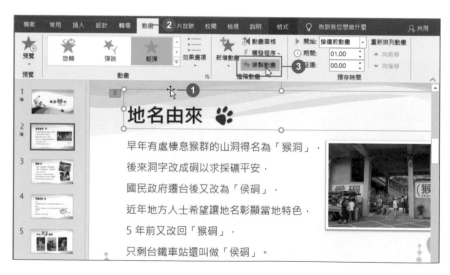

03 待滑鼠指標出現油漆刷圖示，切換至第三張投影片，在標題文字上按一下滑鼠左鍵，在動畫效果預覽結束後，第三張投影片標題文字一旁即會出現動畫編號。(因為播放方式為 **接續前動畫**，所以出現的動畫編號為「0」。)

04 依照相同方式，將第二張投影片標題文字的動畫複製到第四張投影片的標題文字上。

TIPS

快速複製動畫至多個物件

除了上方說明的複製動畫方式外，如果想要快速的將動畫效果複製給多個物件套用，可連按二下 **複製動畫**，再於要套用該動畫效果的物件上一一選按，直到完成複製動作後再按 Esc 鍵即可。

設計逐一播放條列式內文

投影片內文中常有多段文字或是條例式的說明項目，這時套用在文字上的動畫效果可設定為依 "段落" 逐一播放，讓內容文字的呈現更具變化。

01 切換至第二張投影片，選取段落文字方塊後，於 **動畫** 索引標籤套用 **飄浮進入** 的動畫效果，並設定 **效果選項：向上浮動** 及 **依段落**，**開始：接續前動畫。**

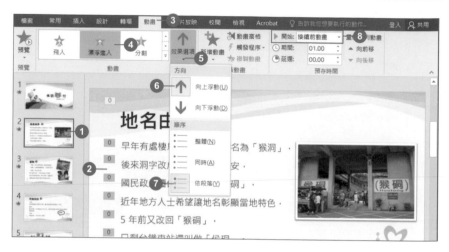

02 選取第二張投影片段落文字後，於 **動畫** 索引標籤連按二下 **複製動畫**，待滑鼠指標出現油漆刷圖示，在第三張投影片段落文字上按一下滑鼠左鍵。

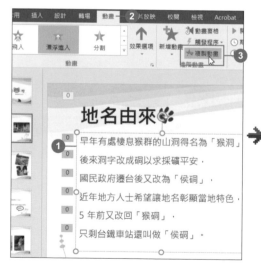

03 動畫效果預覽結束後，第三張投影片段落文字一旁即會出現動畫編號，然後再設定一次 **接續前動畫** 動作，才可以讓動畫編號都為 0。

 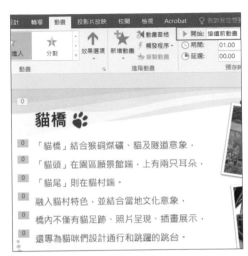

04 此時滑鼠指標仍然呈油漆刷圖示，分別在第四張及第一張投影片段落文字上各按一下滑鼠左鍵，動畫效果預覽結束後，請均設定為 **接續前動畫**，這二張投影片段落文字旁即會套用動畫並出現動畫編號 0。

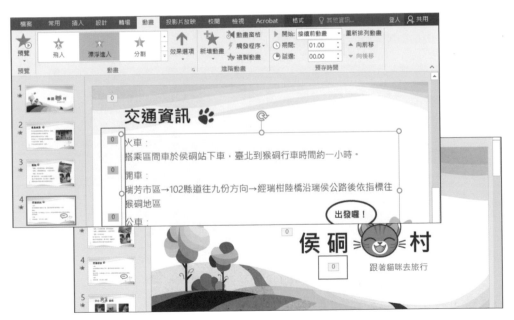

05 完成複製動作後按 Esc 鍵即可取消，接著於 **投影片放映** 索引標籤選按 **從首張投影片**，播放並觀賞到目前為止設計的簡報動畫效果。

調整動畫效果

一個物件只能套用一種動畫效果嗎？還沒看清楚動畫效果就播完了？
動畫播放時沒有音效搭配...等，這些將在接下來的練習中一一設定。

為同一物件套用多種動畫效果

一個物件可以重疊的套用多個動畫效果，以範例中第一張投影片的貓咪物件來練習，在此要為其設計上三段式的動畫：

一開始以 "旋轉" 的方式進入　接著產生 "蹺蹺板" 的變化　最後以 "向外溶解" 的方式消失

01 切換至第一張投影片，選取貓咪物件後，套用 **旋轉** 的進入動畫，然後設定 **開始：與前動畫同時** (或 **隨著前動畫**)。

02 繼續選取貓咪物件，於 **動畫** 索引標籤選按 **新增動畫 \ 其他強調效果** 開啟對話方塊，為貓咪物件新增第二個動畫效果。

03 選按想套用的強調動畫效果 (此範例套用 **溫和** 項目 \ **蹺蹺板**)，按 **確定** 鈕，並於 **動畫** 索引標籤設定 **開始：按一下**。

04 繼續選取貓咪物件，於 **動畫** 索引標籤選按 **新增動畫 \ 其他離開效果** 開啟對話方塊，為貓咪物件新增第三個動畫效果。

05 選按想套用的強調動畫效果 (此範例套用 **基本** 項目 \ **向外溶解**)，按 **確定** 鈕，並於 **動畫** 索引標籤設定 **開始：按一下**。

於貓咪物件左側可看到三個編號，表示此物件目前套用了三個動畫效果。完成多重動畫效果套用的設計後，可於 **投影片放映** 索引標籤選按 **從首張投影片**，播放並觀賞到目前為止設計的簡報動畫效果。

變更動畫效果

已套用在物件上的動畫效果，經過播放預覽後，可能會發現該效果與其他元素搭配呈現時並不合適，這時可再進入 **動畫** 索引標籤調整。

01 於 **動畫** 索引標籤模式下，於物件左側選按要調整的動畫效果編號，選取該動畫效果。

若對投影片上該動畫效果所屬編號不清楚時，也可以於 **動畫** 索引標籤選按 **動畫窗格**，在 **動畫窗格** 中此頁投影片所套用的動畫效果會依前後順序標示排列，可以透過此處選取要編輯的動畫效果。

02 於 **動畫** 索引標籤選按 **動畫-其他**，清單中可再次挑選合適的動畫效果套用，這樣可取代原有的動畫效果。

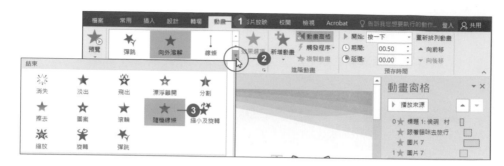

刪除動畫效果

經過播放預覽後，覺得不適合的動畫效果可透過下面說明的方法快速刪除：

01 於 **動畫窗格** 選取要刪除的項目後，於 **動畫** 索引標籤選按 **動畫-其他**，清單中選按套用 **無** 動畫，這樣就可刪除此動畫效果。

或選取要刪除的項目後，再按 Del 鍵也可快速刪除將該動畫特效。

02 回到投影片中可發現該動畫效果編號已移除。

設定動畫播放速度與重複次數

當動畫播放的內容較多,而播放速度太快時,整體呈現出來的效果反而比靜態內容
更不理想,所以動畫播放的速度也是一項很重要的控制因素。

01 於 **動畫窗格** 要調整的項目右側按一下清單鈕,選按 **時間**,開啟該動畫效果的
相關對話方塊。

02 在 **預存時間** 標籤中,除了可以設定之前提到的投影片 **開始** 時機與動畫 **延遲**
時間,還可以設定動畫在播放 **期間** 的速度及 **重複** 次數。

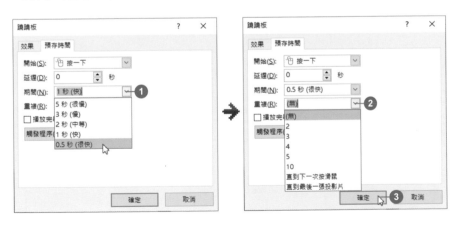

動畫音效與其他效果設定

除了前面說明的多項動畫效果進階設定，還可以為動畫效果加上音效，讓整體效果更加豐富。

01 於 **動畫窗格** 要調整的項目右側按一下清單鈕，選按 **效果選項** 開啟該動畫效果的相關對話方塊。

02 於 **效果** 標籤選按 **聲音** 清單鈕，即可於清單中選擇一合適的聲音效果套用。另外，也可於 **色彩、播放動畫後、動畫文字**...等功能項目，設定與預設效果不同的呈現方式。完成設定後，按 **確定** 鈕回到投影片中。

完成動畫效果選項的調整後，可於 **投影片放映** 索引標籤選按 **從首張投影片**，播放並觀賞到目前為止設計的簡報動畫效果。

4.4 調整動畫效果前後順序

簡報作品中的動畫效果預設會依設定時的先後順序播放，以下將試著為投影片內的物件套用動畫效果，再依前面提到的動畫設計原則，適當調整其動畫播放順序。

為圖片套用動畫效果

01 切換至第五張投影片，選取最右側的圖片後，於 **動畫** 索引標籤套用 **漂浮進入** 的進入動畫效果，然後設定 **效果選項：向下浮動、開始：按一下**。

02 透過 **複製動畫** 功能，複製最右側圖片的動畫效果，再依序替中間與最左側圖片套用。

可以於 **動畫** 索引標籤選按 **預覽**，播放並觀看此張投影片剛才設計的動畫效果。

調整動畫播放順序

一般人的瀏覽習慣是 "由左至右"，而前面設計出來的圖片動畫效果則是 "由右至左" 的漂浮進入，這樣在播放影片時容易讓觀眾搞不清楚演講順序。現在來看看如何調整這三個圖片物件的動畫播放順序：

01 先選取投影片最右側的圖片，於 **動畫窗格** 會看到已自動選取其動畫項目，接著按二下 ▽ 鈕將該項目的播放順序往下移二個順位。

02 調整後可以看到最右側的圖片動畫編號已變更為「3」。

03 接著選取投影片中間的圖片，於 **動畫窗格** 會看到已自動選取其動畫項目，接著按一下 ▽ 鈕將該項目的播放順序往下移一個順位。

04 調整後可以看到中間的圖片動畫編號已變更為「2」，而這三張圖片由左而右的編號則已調整為「1」、「2」、「3」。

可以於 **動畫** 索引標籤選按 **預覽**，播放並觀看此張投影片剛才設計的動畫效果。

4.5 隨路徑移動的動畫效果

運用路徑動畫功能，讓物件可以依指定路徑產生上下、左右，或是以星形或循環模式移動...等效果。

套用移動路徑

01 切換至第四張投影片，畫面最左側有一個事先布置好的汽車圖片。選取汽車圖片後，於 **動畫** 索引標籤選按 **新增動畫 \ 其他移動路徑** 開啟對話方塊，於 **線條及曲線** 項目選按 **向右彈跳**，按 **確定** 鈕。

02 汽車圖片上會出現一個彈跳路徑，並會出現一個汽車幻影圖像及變形控制點，而幻影圖像位置是動畫最後出現的實際位置。

03 為了讓汽車產生由左向右的進入動畫效果，選取彈跳路徑後，於右下角白色控點上，按滑鼠左鍵不放往右拖曳進入投影片當中，會發現這個汽車幻影圖像會沿著路徑移至如圖位置，接著放開滑鼠左鍵即完成設定。(建議在調整控點前，可以先將右側的動畫窗格關閉。)

T I P S

移動路徑的幻影圖像

在 PowerPoint 拖曳移動路徑位置時，會顯示一組 "幻影" 圖像，利用幻影圖像可以確實掌握物件在套用相關路徑動畫後的起始位置。

當您建立移動路徑的動畫時，會在路徑起始端出現綠色箭號，而路徑結尾端則是出現紅色箭號，不管您的原始圖片擺放在何處，動畫一定會從綠色箭頭號處開始，然後在紅色箭號處結束。

04 最後於 **動畫** 索引標籤設定 **開始：接續前動畫**，接著可以選按 **預覽** 瀏覽動畫執行的效果，以便再加以調整至更精確的結束點位置與其他細部設定。

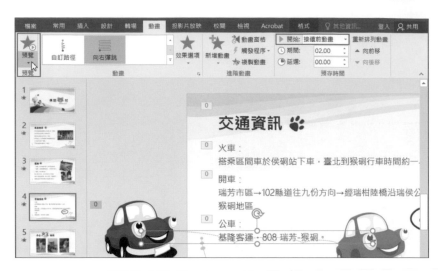

為圖說物件套用動畫

選取圖說物件，套用 **展開** 的進入動畫，並設定 **開始：接續前動畫**，讓汽車物件在結束動畫效果後，立即顯示圖說物件。

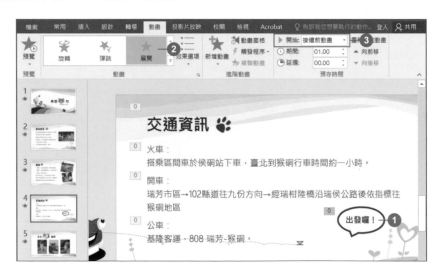

完成多項動畫效果套用後，請於 **動畫** 索引標籤選按 **預覽**，瀏覽動畫執行效果。

投影片切換特效

4.6

除了針對投影片的文字、圖片...等套用動畫效果，還可在切換投影片時來點不一樣的變化與音效，以增加現場觀眾的視覺與聽覺感受。現在利用 **轉場** 索引標籤為此份簡報設計投影片切換的特效！

01 設定投影片換頁的動畫效果。請切換至第一張投影片，於 **轉場** 索引標籤選按 **切換到此投影片-其他**。

02 於清單中選按合適動畫。(此範例套用 **華麗 \ 百葉窗**)

03 於 **轉場** 索引標籤選按 **聲音** 清單鈕，清單中選擇適合適的播放聲音。

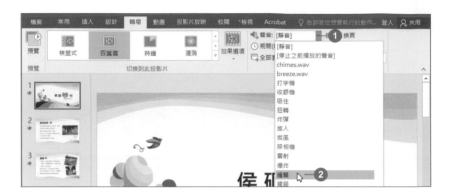

04 於 **期間** 設定上一張投影片切換至目前投影片的速度；再於 **投影片換頁** 指定
換頁方式，可核選 **滑鼠按下時**，也可以手動輸入秒數，最後按 **全部套用** 鈕將
所有投影片都套用上剛才設定的換頁效果。

完成投影片的切換設定後，請於 **投影片放映** 索引標籤選按 **從首張投影片**，瀏覽整體
簡報動態效果，感受生動有趣的呈現方式，這樣即完成本章範例作品。

TIPS

取消切換效果及自訂切換聲音

1. 於 **轉場** 索引標籤選按 **切換到此投影片-其他**，清單中選按 **無**，將會取消投影
   片切換效果的設定。

2. 想將切換聲音改為自訂時，可於 **轉場** 索引標籤選按 **聲音** 右側清單鈕，於清單
   中選按 **其他聲音** 開啟對話方塊，選取喜愛的音樂再按 **開啟** 鈕即可。

延 伸 練 習

實作題

請依如下提示完成「教學簡報」作品。

1. 開啟延伸練習原始檔 <教學簡報.pptx>，針對文字部分設定動畫。

   第一張投影片：「蝴蝶」文字套用 **漂浮進入** 動畫，開始：**接續前動畫**，期間：**01.00**，延遲：**00.50**；「大自然...」文字套用 **向內溶解** 動畫，開始：**接續前動畫**，期間：**00.50**。

   第二張至第四張投影片標題文字套用 **基本縮放** 動畫，開始：**接續前動畫**，期間：**00.50**；段落文字套用 **淡出 (或 淡化)** 動畫，效果選項：**依段落**，開始：**接續前動畫**，期間：**01.00**。

2. 接著針對前三張投影片的圖片部分進行設定動畫：

   第一張投影片：套用 **向內溶解** 動畫，開始：**接續前動畫**，期間：**00.50**，並將此動畫順序移至第一個順位。

第二張投影片：利用 Ctrl 鍵選取三張圖片，套用 **展開** 動畫，期間：**01.00**。而左側較長圖片設定 **接續前動畫**，右側二張圖片則為 **與前動畫同時** (或 **隨著前動畫**)。

第三張投影片：左側小男孩圖片套用 **正弦波** 動畫，期間：**02.00**，開始：**接續前動畫**。右側蝴蝶圖片套用 **隨機線條** 動畫，期間：**01.00**，開始：**接續前動畫**。

▲ 視狀況調整路徑的開始與結束端點位置。

3. 針對第四張投影片 SmartArt 物件設定動畫：套用 **擦去** 動畫，效果選項：**自上、一個接一個**，開始：**接續前動畫**，期間：**00.75**。

4. 設定整份投影片換頁的動畫效果，套用 **圖庫**，效果選項：**自右**，聲音：**照相機** (或 **相機**)，持續時間：**01.60**，核選 **滑鼠按下時**，最後選按 **全部套用** 即完成此教學簡報。

05

餐飲實務簡報
加入圖片提升設計感

線上圖片・文字藝術師

智慧輔助線・裁剪相片

合併圖案・畫面擷取

去背・美術效果・壓縮

學習重點

一份完整好看的簡報，除了簡報本身的編排、配色很重要，搭配插入的圖片或是相片，都可以讓簡報的質感更加提升。

- 圖片設計原則
- 設計簡報背景
- 使用文字藝術師豐富標題外觀
- 插入線上圖片、相片
- 縮放與裁剪

- 用輔助線對齊相片
- 插入圖案
- 合併圖案
- 變更圖案色彩
- 變更圖案上下順序
- 編輯圖案端點

- 擷取螢幕畫面
- 插入外部圖片
- 為圖片去背
- 為圖片套用美術效果
- 圖片壓縮讓檔案變小

原始檔：<本書範例 \ ch05 \ 原始檔 \ 餐飲實務.pptx>
完成檔：<本書範例 \ ch05 \ 完成檔 \ 餐飲實務.pptx>

圖片設計原則

簡報中的圖片，除了不能干擾內容外，圖片與簡報的關連性以及如何提升簡報的專業、美觀與風格一致需要更注意，以下有幾點關於圖片的設計原則提供給您。(範例完成檔 <圖片設計原則.pptx>)

例 1：避免圖片重疊。(參考第一、二張投影片)

 此張投影片下方圖片相互重疊，會讓瀏覽者觀看時產生混亂。

⭕ 適當的間距，慎選符合內容的圖片，確實呈現簡報所要表達的主題。

例 2：挑選同性質或設計風格一致的圖片。(參考第三、四張投影片)

 此張投影片上的圖片風格迥異，在視覺上沒有統一感。

⭕ 挑選風格、主題相似的圖片，簡報整體的呈現會更有一致性。

例 3：避免放置太花俏的動畫。(參考第五、六張投影片)

❌ 右上角的動畫圖片，會分散瀏覽者的注意力，導致焦點無法集中在投影片的內容上。

⭕ 沒有動畫圖片的影響，不致讓內容失焦，更可以讓瀏覽者專心吸收。

例 4：運用與內容相關的圖案。(參考第七、八張投影片)

❌ 此張投影片的圖片雖然可愛有趣，但對於內容的意義並不大，也沒有直接的關連性存在。

⭕ 選擇跟主題內容有關的圖片，不僅簡報看起來專業，更具美觀感，整體圖片與內容也能達到相輔相成之勢。

5.2 設計簡報背景

首先以 PowerPoint 預設的材質圖片填滿投影片的背景，設計出不同
於佈景主題呈現的效果。

01 開啟範例原始檔 <餐飲實務.pptx>，切換至第一張投影片，在空白處按一下滑
鼠右鍵選按 **背景格式** (或 **設定背景格式**)，開啟右側工作窗格。

02 於 **填滿** 項目核選 **圖片或材質填滿**，選按 **材質** 鈕。

03 於 **材質** 清單中選按 **畫布**，再按 **全部套用** 鈕設定每一張投影片相同的背景，最後於工作窗格右上角按 **關閉** 鈕，即可關閉工作窗格。

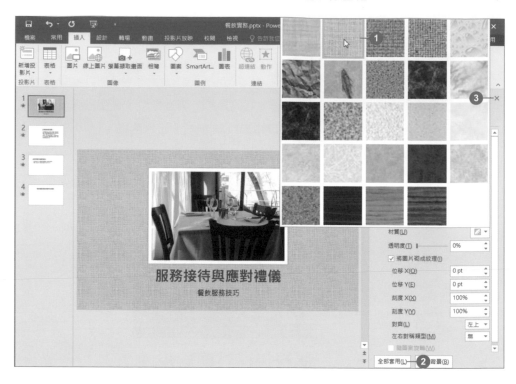

回到投影片工作範圍，可看到四張投影片全部變更以剛才設定的材質填滿。

5.3 使用文字藝術師豐富標題外觀

標題文字大部分都無任何效果，這時可以利用 **文字藝術師**，為簡報
文字套用上特別格式，例如：弧形、3D...等文字效果。

01 切換至第二張投影片，選取投影片上要製作效果的文字方塊，於 **繪圖工具 \
格式** 索引標籤選按 **文字藝術師樣式-其他**。

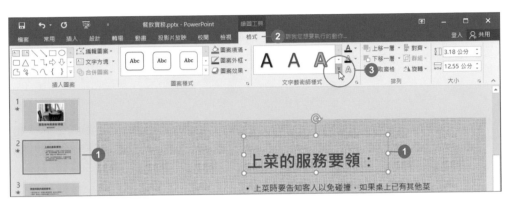

02 清單中選按合適的文字藝術師樣式 (此範例套用 **填滿 - 綠色, 輔色 4, 軟性浮
凸**)，如此標題文字就有綠色浮凸效果的立體字質感。

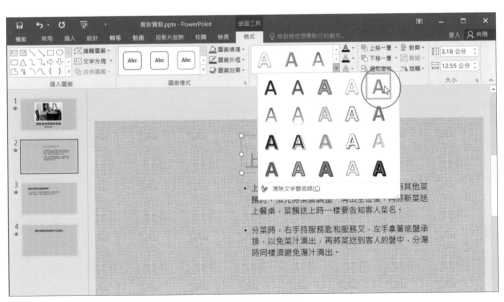

03 若要更換文字藝術師的色彩，可以選取文字藝術師物件後，於 **繪圖工具 \ 格式** 索引標籤選按 **文字填滿 \ 其他填滿色彩** 開啟對話方塊，在 **標準** 和 **自訂** 標籤中套用合適色彩。

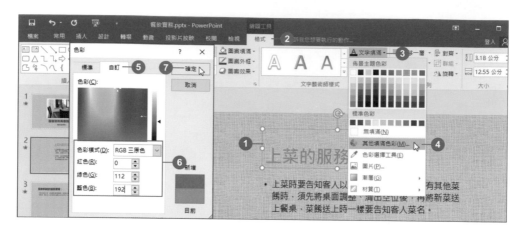

04 若要編修文字藝術師的樣式，可以選取文字藝術師物件後，於 **繪圖工具 \ 格式** 索引標籤選按 **文字效果**，清單中提供 **陰影、反射、光暈、浮凸、立體旋轉** 和 **轉換** 六個樣式，您可以依簡報需求，挑選合適的效果套用。

05 最後依相同方式，將第三、四張投影片上的標題文字分別套用文字藝術師、變更色彩及套用 **浮凸 \ 冷色傾斜** (或 **歪斜**) 效果。

5.4 利用圖片或相片美化版面

透過 **線上圖片** 功能，搜尋並插入合適圖片或相片類素材，簡單運用或修改，藉此豐富簡報內容。

插入線上圖片

01 切換至第二張投影片，於 **插入** 索引標籤選按 **線上圖片** (或 **圖片 \ 線上圖片**) 開啟 **插入圖片** 視窗。

02 於 **Bing 影像搜尋** 右則欄位輸入「waiter」，按 Enter 鍵。

03 整份簡報背景以 **畫布** 材質填滿，為了不讓圖片背景影響簡報的整體呈現，請先針對搜尋出來的圖片，設定 **類型 \ 透明** 的篩選條件，選擇合適的圖片後，按 **插入** 鈕。(PowerPoint 2019 版本此介面略為不同，請參考 P5-11 "資訊補給站" 的說明)

04 將滑鼠指標移至圖片角落的白色控點上呈 ✐ 狀，按滑鼠左鍵不放，拖曳該控點正比例的縮放圖片大小。接著再將滑鼠指標移至圖片上方呈 ✥ 狀，按滑鼠左鍵不放，拖曳至合適位置擺放。

TIPS

關於圖片版權與篩選條件

1. 圖片版權 Creative Commons 聲明：Creative Commons 稱做 "創用 CC"，其目的是使著作物能更廣為流通與改作，讓其他人可以拿來創作及使用，主要授權項目為：姓名標示 (BY)、非商業性 (NC)、禁止改作 (ND)、相同方式分享 (SA)。

2. 圖片篩選條件：搜尋出來的圖片，除了 **類型** 的篩選條件外，另外還有 **大小**、**色彩** 及 **授權** 的條件可以設定。其中 **授權** 條件設定 **全部**，可以擴大搜尋結果，但使用圖片時需遵守智慧財產的規範，確保合法授權。

資訊補給站

關於 PowerPoint 2019 插入圖片

PowerPoint 2019 版本中，將原本 **圖片** 及 **線上圖片** 功能整合在一起，且插入線上圖片的視窗畫面也有些不同，如果您是使用 PowerPoint 2019 操作，可參考以下的說明：

01 於 **插入** 索引標籤選按 **圖片 \ 線上圖片** 開啟視窗，一開始即可在搜尋欄位下方看到許多分類，直接選按分類名稱搜尋即可。

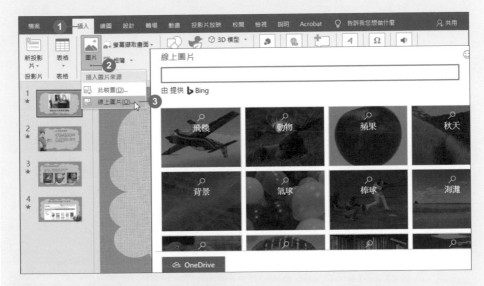

02 如果沒有想要的分類可供選擇時，或是想得到更精準的搜尋結果，只要於搜尋欄位輸入關鍵字，按 Enter 鍵。

03 針對搜尋結果設定篩選條件，可按 ▽ **篩選**，再於項目中選按欲篩選的條件 (例如：**類型 \ 透明**)，選擇合適的圖片，再選按 **插入** 鈕。

04 完成線上圖片插入後，部分圖片下方會有版權宣告的文字。

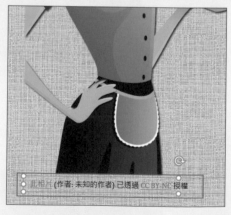

插入相片

01 切換至第三張投影片，於 **插入** 索
引標籤選按 **線上圖片** (或 **圖片 \
線上圖片**)。

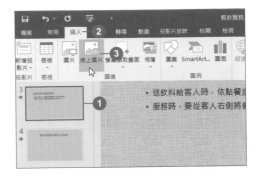

02 在 **Bing 影像搜尋** 右側欄位輸入「飲料」，按 Enter 鍵，在搜尋結果分別找
出如圖的相片 (按 Ctrl 鍵不放可加選多張)，接著按 **插入** 鈕插入投影片中。

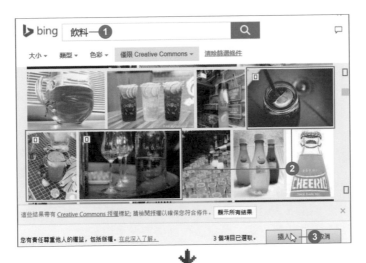

縮放大小與裁剪

建議可選按狀態列右側 ⊞ **拉近顯示** 鈕，放大投影片的檢視比例，放大畫面的工作區域以方便裁剪。

01 選取如圖相片，將滑鼠指標移至圖片角落的白色控點上呈 ⤢ 狀，按滑鼠左鍵不放，拖曳該控點正比例縮小相片尺寸。

02 接著於 **圖片工具 \ 格式** 索引標籤選按 **裁剪** 清單鈕 \ **裁剪**。

03 相片上出現 **裁剪控點** 後，可依 **裁剪控點** 決定裁剪的大小。先拖曳右上角的 ⌐ **裁剪控點** 往內裁剪一些，至合適範圍後放開滑鼠左鍵。

04 拖曳右側的 **I** 裁剪控點，往內裁剪至合適範圍後放開滑鼠左鍵，此範例希望剪裁出正方形的相片，可參考 **圖片工具 \ 格式** 索引標籤中的 **圖案高度** 與 **圖案寬度** 的數值利用上下左右的 **裁剪控點**，慢慢微調裁剪框尺寸讓高度與寬度相近。

05 將滑鼠指標移至正在裁剪的相片上方，呈 狀，拖曳圖片至合適位置，讓裁剪的相片更完美呈現，調整好位置後再按 **裁剪**。

06 最後調整合適的圖片大小，於 **圖片工具 \ 格式** 索引標籤設定 **圖案高度**：「8 公分」、**圖案寬度**：「8 公分」。

07 依相同方式完成其他二張相片的裁剪動作，並擺放於投影片下方，完成後如下圖。

TIPS

裁剪成圖形或是以長寬比裁剪

裁剪時，除了使用 **裁剪控點** 修剪物件大小之外，還可以選按 **裁剪** 清單鈕 \ **裁剪成圖形**，於圖形清單中選擇要裁剪成的特定形狀；或選按 **裁剪** 清單鈕 \ **長寬比** 選擇合適的尺寸樣式套用，快速裁剪出特定比例的物件。

用輔助線對齊相片

智慧輔助線能準確完成自動對齊或是均分的動作，讓您輕鬆完成圖片的移動與排列。

01 於 **檢視** 索引標籤核選 **尺規** 與 **輔助線**，然後選按 **調整成視窗大小**，將投影片檢視大小符合工作區。

02 將滑鼠指標移至投影片邊緣的垂直輔助線上呈 ✛ 時，按一下滑鼠右鍵選按 **新增垂直輔助線**。

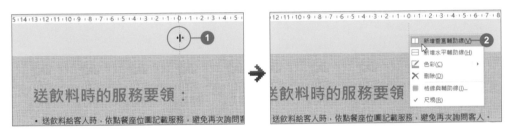

03 將滑鼠指標移至新增的輔助線上呈 ✛ 狀，往右拖曳至 13.20 再放開滑鼠左鍵，依相同方式將原有輔助線往左拖曳至 13.20。最後再直接拖曳水平輔助線往上至 1.00 位置即完成設定。

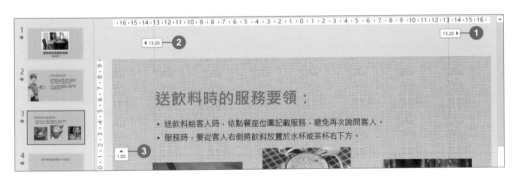

T I P S

設定輔助線色彩

如果預設的輔助線顏色無法在投影片上明顯標示時，可透過滑鼠指標移至輔助線上按一下滑鼠右鍵，移至 **色彩**，再於清單中選擇合適顏色。

04 選取左側相片，拖曳對齊左側垂直、水平輔助線的位置，如左下圖擺放；接著再選取右側相片，拖曳對齊右側垂直、水平輔助線的位置，如右下圖擺放。

05 選取中間的相片，拖曳擺放位置時，可以根據智慧輔助線的紅色虛線對齊物件，或是均分的紅色箭頭完成對齊動作。(完成後可以再取消 **輔助線** 核選)

TIPS

顯示智慧輔助線

智慧輔助線 功能預設為開啟，如果您使用 PowerPoint 時，並無智慧輔助線效果，請於 **檢視** 索引標籤選按 **格線設定** 對話方塊啟動器開啟對話方塊，再核選 **輔助線設定：對齊圖案後顯示智慧輔助線**，再按 **確定** 鈕。

5.5 繪製向量圖案

繪製的向量圖案，可以修改、組合、合併或刪除，編輯彈性大，變化
也多。以下便利用插入圖案及合併圖案功能，繪製一個簡報背景的向
量圖案，讓簡報風格馬上不一樣。

插入圖案

01 切換至第二張投影片，於 **插入** 索引標籤選按 **圖案** 清單鈕 \ **橢圓**，將滑鼠指標
移至投影片上呈 ⤢ 狀，按 `Shift` 鍵不放，按滑鼠左鍵不放由 Ⓐ 處拖曳至 Ⓑ
處，繪製出一個正圓形。

02 按 `Ctrl` 鍵不放，將滑鼠指標移至圓形上方呈 ⤢ 狀，往旁邊拖曳即可複製該圖
案，重複相同步驟，如下圖將複製的圓形繞著投影片周圍擺放，可針對其中數
個圓形調整大小。

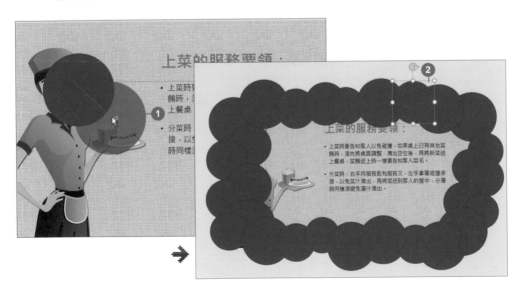

03 於 **插入** 索引標籤選按 **圖案** 清單
鈕 \ **矩形**，在投影片中間拖曳繪
製一矩形，剛好可以含蓋中間缺
口部分。

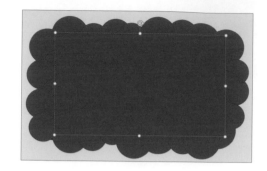

合併圖案

01 按 [Shift] 鍵不放一個一個選按，
選取所有圓形。

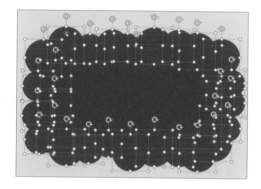

02 於 **繪圖工具 \ 格式** 索引標籤選按 **合併圖案** 清單鈕 \ **聯集**，可將所有圖案合併
為單一圖案。

03 再插入一個可以覆蓋前一個雲朵圖形的矩形，於 **繪圖工具 \ 格式** 索引標籤選按 **下移一層** 清單鈕 \ **移到最下層**。

04 按 Shift 鍵不放，選取矩形與雲朵圖案，於 **繪圖工具 \ 格式** 索引標籤選按 **合併圖案 \ 合併** 即可將位於上層的圖案形狀，挖剪至下層圖案中。之後再拖曳圖案四周的白色控點，讓大小符合投影片尺寸。

變更圖案色彩

01 於 **繪圖工具 \ 格式** 索引標籤選按 **格式化圖案** 快速啟動鈕，開啟右側工作窗格。

02 於工作窗格中選按 **填滿** 並核選 **實心填滿**，再選按 **填滿色彩** 鈕 \ 選按 **橙色,輔色 2**，最後設定 **透明度：50%**。

03 於工作窗格中選按 **線條** 並核選 **無線條**，將圖案邊框設定為無，最後於右上角按 **關閉** 鈕關閉工作窗格。

變更圖案上下順序

01 選取背景圖案，於 **常用** 索引標籤選按 **複製** 清單鈕 \ **複製**，接著切換至第三張投影片，按 Ctrl + V 鍵 **貼上** 後，再使用 **移到最下層** 改變圖案排序。

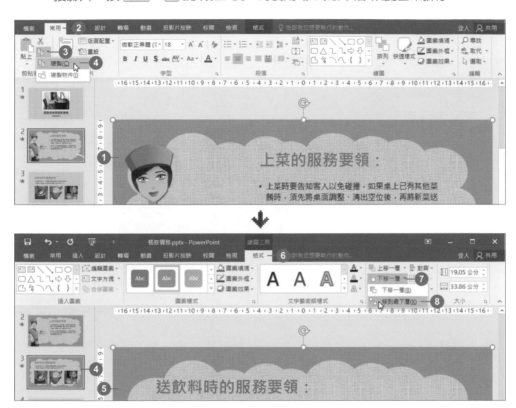

02 依相同步驟，分別完成第一張及第四張投影片的背景圖案複製及調整圖案排列順序。

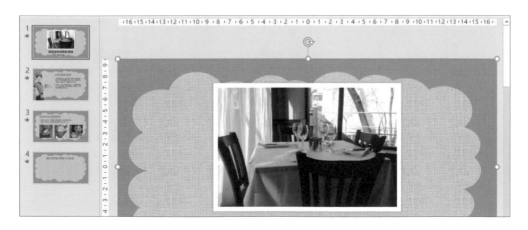

編輯圖案端點

選取第一張投影片，將針對背景圖案的端點進行編輯。

01 先選取背景圖案，於 **繪圖工具 \ 格式** 索引標籤選按 **編輯圖案 \ 編輯端點**，即可在圖案上看到許多黑色端點。

02 編輯端點前，先選按狀態列右側的 ⊞ **拉近顯示** 鈕，將工作畫面放大至合適編輯的尺寸，建議縮放比例約設定為 **80%** 以上。

03 若要刪除不需要的端點，可將滑鼠指標移至端點上呈 ✛ 狀，按一下滑鼠左鍵選取端點，接著再於選取的端點上按一下滑鼠右鍵選按 **刪除端點**，即可刪除多餘的端點。

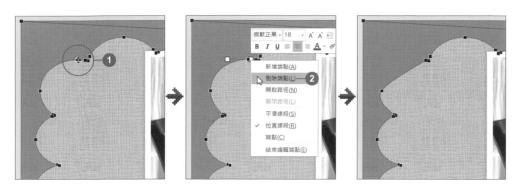

04 若要改變繪圖物件的線條形狀，可先選取需要調整的端點 (左下圖有再刪除其他不需要的端點)，接著端點二側會出現 **控制桿**，拖曳一側 **控制桿端點** 可以改變線條形狀。

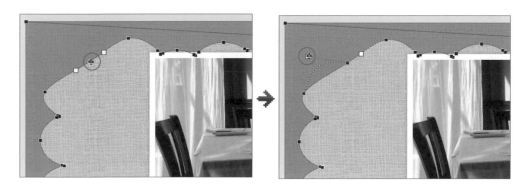

05 如圖依照相同方式拖曳另一側 **控制桿端點**，使端點二側間的線條呈曲線化。

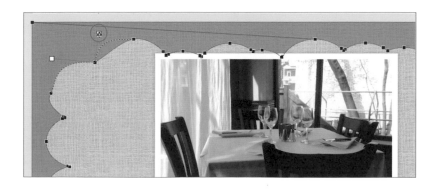

06 於無法對稱拖曳控制的 **端點** 上，選取後按一下滑鼠右鍵選按 **平滑線段**，可以將端點變更為可以平滑控制的項目。

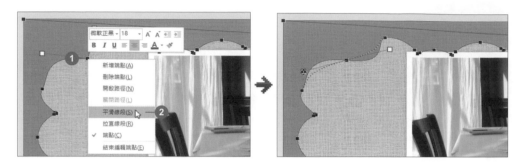

07 最後利用 **刪除端點**、**控制桿端點**、**平滑線段**...等方式調整其線條曲線，完成第一張投影片背景圖案的修飾。(於投影片外任一空白處按一下滑鼠左鍵，即可結束端點編輯。)

服務接待與應對禮儀

餐飲服務技巧

T I P S

更詳細的端點編輯功能

編輯端點時，在 **端點** 上按一下滑鼠右鍵除了可以改變 **控制桿** 屬性，於線段上還可以 **新增端點** 增加編輯範圍；於線段上選按 **拉直線段** 可將該線條變更為直線；**端點** 狀態則是類似角點的方式，您可以隨意利用二側的 **控制桿端點** 改變不同的方向或角度。

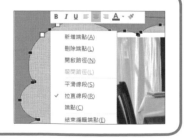

5.6 擷取螢幕畫面至簡報中

如果需要在簡報中運用電腦螢幕上的畫面，可以使用 PowerPoint 的 **畫面剪輯** 功能輕鬆取得，不需要靠外部軟體完成。

01 首先運用 **畫面剪輯** 功能擷取簡報中需要的資訊，請開啟瀏覽器 (在此以 Edge 瀏覽器示範)，於網址列輸入「https://s.yam.com/FVSd3」，開啟餐飲相關資訊購書平台網頁。(保持瀏覽器開啟狀態，勿將視窗最小化。)

02 切換至第四張投影片，於 **插入** 索引標籤選按 **螢幕擷取畫面 \ 畫面剪輯**。

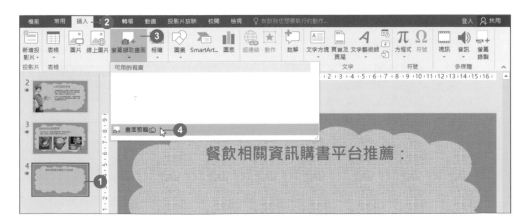

03 接著畫面反白，而且滑鼠指標呈 ＋ 狀，於想要剪輯的網頁上，由 左上角拖曳至右下角，圈選需要 擷取的範圍。

04 擷取完成的網頁畫面會直接插入指定的投影片中，先透過角落控點調整圖片 大小後，再於 **圖片工具 \ 格式** 索引標籤選按 **裁剪**，利用 **裁剪控點** 標示出需 要保留的區域再選按 **裁剪**，完成圖片裁剪。

TIPS

擷取螢幕畫面至簡報中

除了透過 **畫面剪輯** 功能圈選區域範 圍，若選按 **螢幕擷取畫面**，會將電腦 中未縮到 **最小化** 的視窗，顯示於 **可 用的視窗** 清單中，之後只要選按擷取 縮圖，即可插入到投影片中。

若是擷取瀏覽器畫面，縮圖完整顯示 以 IE 為主，另外還可以建立超連結， 透過選按圖片連結到相關網頁。

影像的進階調整

除了利用插入 **線上圖片** 或是 **螢幕擷取畫面** ...等，為簡報製作豐富的
內容外，PowerPoint 還可以插入外部圖片檔，並針對圖片進行去除
背景、套用美術效果...等進階調整。

插入外部圖片

01 切換至第四張投影片，於 **插入** 索引標籤選按 **圖片** (或 **圖片 \ 此裝置**) 開啟對
話方塊。

02 選擇範例原始檔 <美食餐飲.jpg>，按 **插入** 鈕，並調整至如下圖位置擺放。

為圖片去背

01 選取剛剛插入的外部圖片，於 **圖片工具 \ 格式** 索引標籤選按 **移除背景**。

02 拖曳框線上的控點，讓框線的大小跟要保留的區域符合。(利用 **狀態列** 右側的 ⊕ **拉近顯示** 鈕，放大投影片尺寸以方便編輯。)

▲ 紫色區域表示為不保留的區域

03 雖然 **移除背景** 功能已完成了大部分背景去除的處理，可是會發現有些小地方都沒有處理的很好，於 **背景移除** 索引標籤選按 **標示區域以移除** (或 **標示要移除的區域**) 完成更細膩的背景移除。

04 接著按滑鼠左鍵不放，由 **A** 點拖曳到 **B** 點要移除的區域後放開滑鼠左鍵即標示完成。

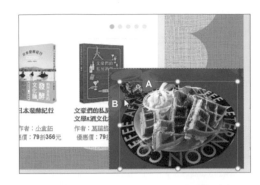

05 利用 ⊞ **拉近顯示** 鈕放大畫面，以便做更仔細的移除標示，如圖所示完成移除區域的標示。

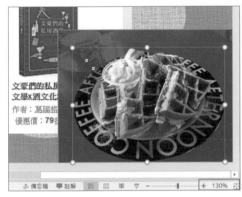

06 於 **背景移除** 索引標籤選按 **標示區域以保留** (或 **標示要保留的區域**)，標示餐盤邊緣不規則的區域，完成後按 **保留變更**。

07 最後調整去背圖的物件範圍，於 **圖片工具 \ 格式** 索引標籤選按 **裁剪**，利用 **裁剪控點** 標示出需要保留的區域，再按 **裁剪** 完成。

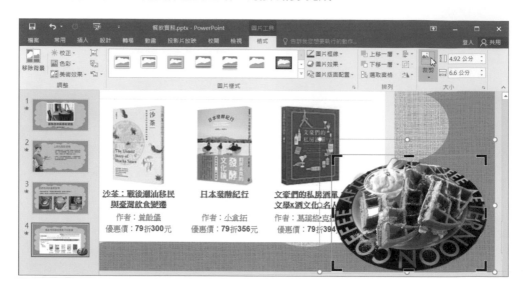

為圖片套用美術效果

透過 **美術效果** 可讓圖片快速套用素描畫、各式繪圖筆刷、油畫或拓印...等設計效果。

將圖片縮放至合適大小並移至如圖位置，再於 **圖片工具 \ 格式** 索引標籤選按 **美術效果**，清單中有多種美術效果樣式讓您選擇套用。

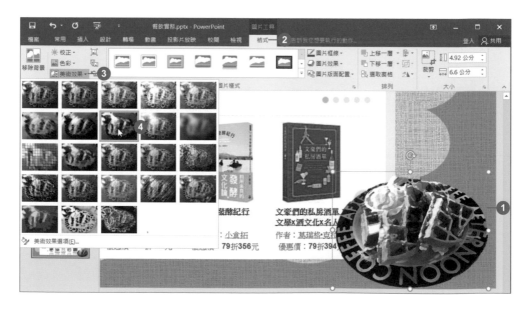

圖片壓縮讓檔案變小

PowerPoint 作品中常使用各式各樣的圖片，雖可充實簡報內容卻也會增加檔案大小，這時只要使用 **壓縮圖片** 功能，就可以套用不損及品質的壓縮、降低圖片解析度或移除圖片中裁剪的部分，快速為圖片瘦身。

01 選取簡報中要調整的圖片 (若要調整所有的圖片，可任選一張圖設定。)，選按 **圖片工具 \ 格式** 索引標籤 \ **壓縮圖片**，開啟對話方塊。

02 於選項中選擇要壓縮的項目，另外圖片裁剪的動作並不會真的刪除圖片內容，只是將該部分暫時隱藏起來，當再次透過 **裁剪** 功能便可將之前裁剪的部分拖曳出來，即可恢復圖片完整面貌。所以如果想要為圖片瘦身，建議可以移除圖片檔中裁剪的部分，藉此縮減檔案大小：

核選 **只套用到此圖片** 時，則僅套用至目前選取的圖片物件。

核選此項，會移除圖片中裁剪的部分。

核選要變更成的解析度。(解析度的數字愈小檔案愈小)

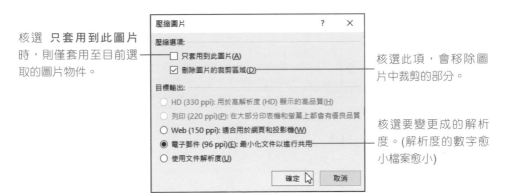

如果 **目標輸出** 中，原本可核選的項目為灰色時，表示該圖片 ppi 低於該項目無法套用該壓縮動作，核選合適的設定後按 **確定** 鈕，即開始壓縮。

壓縮圖片後，若發現移除背景的圖片保留區與當初調整的不同，只要再微調一下移除背景的動作即可。

03 設定後好像沒有什麼動靜？別著急！先為簡報另存新檔後，再進入檔案總管視窗，即會發現原來檔案的大小由 3,171 KB，縮小為 807 KB。

TIPS

在另存新檔時壓縮圖片

另外，於 **檔案** 索引標籤選按 **另存新檔 \ 這部電腦 \ 瀏覽** 開啟對話方塊，再按對話方塊中的 **工具 \ 壓縮圖片**，這時也可以進行相同的壓縮圖片設定。

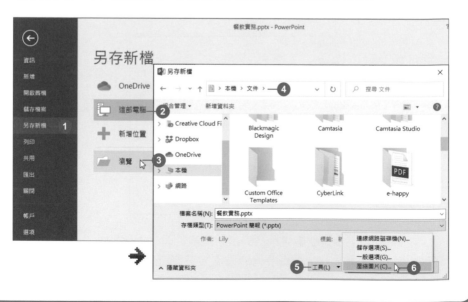

延 伸 練 習

實作題

請依如下提示完成「常用旅遊英文會話」作品。

1. 開啟延伸練習原始檔 <常用旅遊英文會話.pptx>，切換至第二張投影片，於 **插入** 索引標籤選按 **線上圖片** (或 **圖片 \ 線上圖片**)，搜尋「travel」與篩選 **透明** 條件的相關圖片。

2. 選取並插入合適的圖片，如圖縮放並擺放至合適位置。

3. 切換至第三張投影片，插入關鍵
   字「travel」的相片，縮放合適
   大小，並擺放至投影片右上角位
   置，於 圖片工具 \ 格式 索引標籤
   選按 美術效果 \ 水泥，再選按 圖
   片樣式 - 其他，清單中選按 簡易
   框架, 白色。

4. 切換至第四張投影片，插入關鍵
   字「travel」的相片，縮放合適大
   小並擺放至右下角位置。

5. 於 **圖片工具 \ 格式** 索引標籤選按 **移除背景**，接著拖曳框線上的控點，讓框線的大小跟要保留的區域符合。

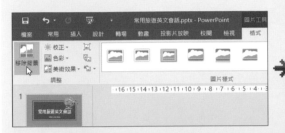

6. 於 **圖片工具 \ 背景移除** 索引標籤利用 **標示區域以保留** (或 **標示要保留的區域**)、**標示區域以移除** (或 **標示要移除的區域**)，完成標示的設定，完成後按 **保留變更**。

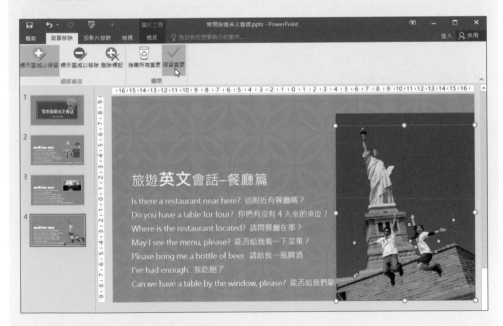

7. 於 **繪圖工具 \ 格式** 索引標籤選按 **裁剪**，將相片裁剪出合適的大小，完成後再按 **裁剪** 完成動作，最後縮放並擺放至右下角位置。

8. 於 **繪圖工具 \ 格式** 索引標籤選按 **下一移層** 清單鈕 \ **移到最下層**，將相片置
   於文字下方即完成。

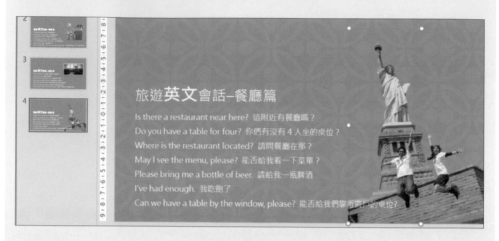

9. 切換第二張投影片，選取標題文字方塊，接著於 **繪圖工具 \ 格式** 索引標籤選
   按 **文字藝術師樣式-其他**，清單中選按 **填滿 - 藍色, 輔色 1, 外框 - 背景 1, 強
   烈陰影, 輔色 1** (或相似樣式)。

   再次於 **繪圖工具 \ 格式** 索引標籤選按 **文字效果 \ 陰影 \ 外陰影-右下方對角
   位移** (或 **位移：右下方**)，套用陰影效果。

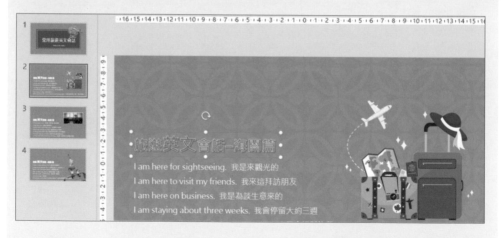

10. 最後替第三張及第四張投影片的標題文字方塊套用相同的 **文字藝術師** 樣式
    及陰影效果，即完成這份簡報設計。

06

商業攝影簡報
大綱窗格的應用

Word 文件轉換．大綱窗格

升階．降階上移．下移

摺疊．展開．文字格式顯示

學習重點

「商業攝影」簡報主要是利用大綱窗格來編輯簡報內容,除了可以將 Word 文件直接轉換成簡報內容,也可以編輯文字,調整順序及階層...等功能,讓您輕鬆完成一份簡報。

拍攝商品
器材準備需知

經營網路拍賣或是網路創商開店,所以如果可以提供相片的拍賣品,就能增加被買賞及成交的機會。本次報告重點將討論商品圖片常見的影像處理方法。

相機週邊設備

- 普通小型相機或是專業單眼都可以,目前的數位相機幾乎都超過千萬像素,並且可以調整光圈、快門、曝光補償值、ISO 感光度、白平衡...這些常用設定。

- 如果需要拍攝體積小的物品時,需要先檢查相機是否有近拍的功能,而近拍的距離是多少公分。

- 短時間內需要重複不斷拍攝物品時,建議使用腳架及快門線來輔助,也可以利用身邊可支撐的物品來代替,除了可以防止相機晃動與手震,還能夠避免重新調整拍攝角度與遠近。

燈具、錫箔紙、描圖紙

- 一般拍攝靜態商品圖片,避免主體反光,所以很少使用閃光燈而改用自然光源或是外來燈光。為了讓商品看起來更具有質感,光源的補強非常重要。少則需要一到兩盞燈,多則可到四盞,因為專用攝影燈具很貴,可改以家用檯燈即可 (長型白光燈管)。

- 若在燈罩四周黏上錫箔紙,可以變身成專業級的四葉片燈具,能夠有效控制光源。如果光線太強,可以在燈光前方上一張描圖紙或是磅數較低的影印紙,吸收過強的光線,也讓燈光更自然柔和;有時商品主體是易反光的包裝,也可用紙張於商品上方遮擋部分燈光。

拍攝輔助用品

- 單色的色紙、壁報紙、珍珠板除了當背景用,也能夠輔助打光,另外可以使用布料或其他不易反光的材質。因為打燈專用攝影棚不便宜,坊間還有一種數千元的小型簡易攝影棚可以考慮。

- 黏土可以讓不容易站立的小物品被固定,一般的美術社就可以買到。

- 將 Word 文件轉成簡報內容
- 大綱窗格認識與使用
- 編輯大綱內容
- 檢視大綱內容的方法

原始檔:<本書範例 \ ch06 \ 原始檔 \ 商攝器材準備.pptx>
完成檔:<本書範例 \ ch06 \ 完成檔 \ 商攝器材準備.pptx>

6.1 將 Word 文件轉成簡報內容

當您在 Word 中編輯好的文件，可以將它快速轉成 PowerPoint 簡報內容，但轉換前有些事項必須注意。

PowerPoint 版面配置分為標題、副標題與詳細資料的配置區，所以要將 Word 文件內容轉成簡報內容前，必須先確定何者是標題、副標題與詳細資料，然後將標題套用 **標題 1** 樣式，副標題和詳細資料套用 **標題 2** 樣式，這樣才可以避免轉換時出現文字沒有對應在正確位置上的困擾。

01 開啟範例原始檔 <商攝器材準備.docx>，首先於 Word 軟體中瀏覽並檢查此文件內容樣式：

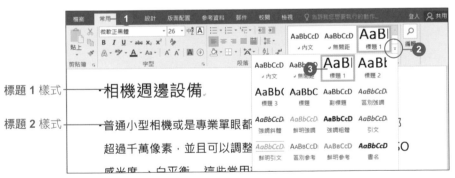

▲ 於 **常用** 索引標籤選按 **樣式-其他**，清單中可看到已套用了 **標題 1** 或 **標題 2** 樣式。

瀏覽後若沒有問題請先關閉此 Word 文件，再進入 PowerPoint 軟體。

02 開啟範例原始檔 <商攝器材準備.pptx>，已事先新增一張 **含圖片的標題投影片** 投影片，於 **常用** 索引標籤選按 **新增投影片** 清單鈕 \ **從大綱插入投影片** 開啟對話方塊。

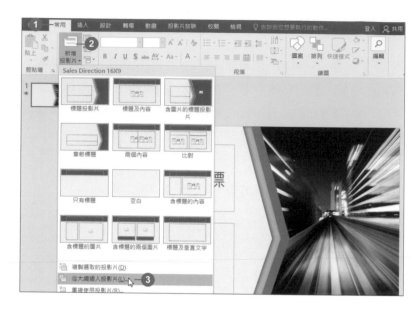

03 選取範例原始檔 <商攝器材準備.docx>，再按 **插入** 鈕。

04 由於 <商攝器材準備.docx> 文件中有三個段落文字設定為 **標題 1** 樣式，所以 PowerPoint 會自動轉換成三張投影片，並將 **標題 1** 樣式的文字變更為投影片標題。

▲ 增加三張投影片，並自動套用了預設的佈景主題樣式。

TIPS

無法開啟 Word 文件

當要使用 **從大綱插入投影片** 功能時，若是沒有關閉該 Word 文件檔案，會出現一無法開啟的對話方塊。

所以必須先關閉該 Word 文件後，再使用 **從大綱插入投影片** 功能。

6.2 應用大綱窗格

將 Word 文件貼入後，透過大綱窗格，查看匯入後所呈現的格式及使用方式。

大綱窗格的認識

上一節運用 **從大綱插入投影片** 這項功能，那什麼是 **大綱** 呢？於 **檢視** 索引標籤選按 **大綱模式**，畫面的左側會出現大綱模式窗格。

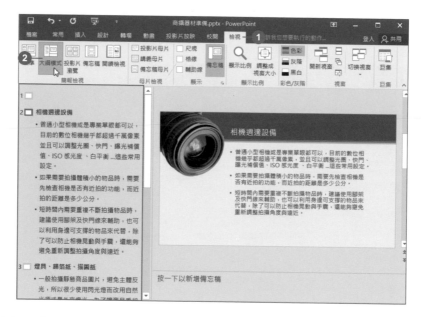

大綱 窗格只會顯示簡報作品中的文字內容，並以層級的方式區分其標題、副標題以及條列項目。大綱的層級會依照次序縮排，由左而右遞減，愈向右側縮排者表示層級愈低。

為什麼要使用 **大綱** 窗格來編輯簡報文字呢？當簡報上圖片或是動畫眾多時，編輯文字常會受到干擾，有時選取不到文字區塊，或者被圖片擋到！

大綱 窗格提供了一個單純，但是架構清楚、段落分明的編輯空間，可以直接在這個窗格內編輯文字，調整段落的位置，省去在編輯區域內與其他圖片重疊的干擾，對於大量文字的編輯十分受用。

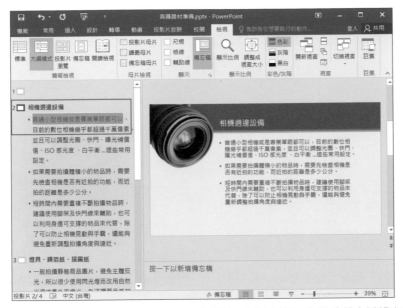

▲ **大綱** 窗格裡有清楚的架構與分明的段落，可以直接在 **大綱** 窗格中編輯文字。

TIPS

開啟 大綱 窗格

除了於 **檢視** 索引標籤選按 **大綱模式** 可開啟 **大綱** 窗格，也可以選按狀態列 **標準模式** 鈕，切換 **標準** 與 **大綱模式** 二種檢視方式。

編輯大綱內容

在 **大綱** 窗格可直接輸入、編輯文字或貼入外部文字，且編輯的文字會在投影片中同步呈現。

01 於 **大綱** 窗格，將插入點移至第一張投影片，輸入「拍攝商品」按 Shift + Enter 鍵，再輸入「器材準備需知」文字，文字出現在投影片的標題配置區。

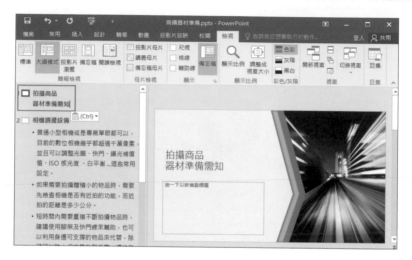

02 接著按 Enter 鍵會新增一張投影片，再按 Tab 鍵，插入點會回到第一張投影片並降一個階層到副標題 (或稱子標題)。

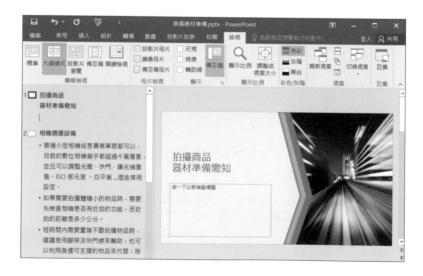

03 於 **大綱** 窗格目前插入點位置可輸入第一張投影片的副標題文字。(可參考或複製範例原始檔 <商攝器材準備.txt> 內的文字來使用)

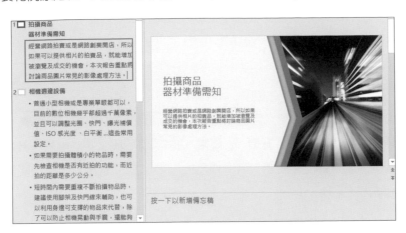

TIPS

將內容層級變更為新投影片標題層級

大綱 窗格中,當輸入完副標題或內容文字後,若要再新增投影片,按 Enter 鍵會移至下一行,再按 Shift + Tab 鍵,插入點所在位置會變更為新投影片標題層級,即可以直接輸入其他文字內容。

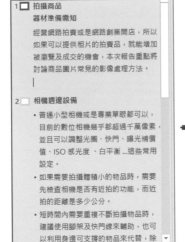 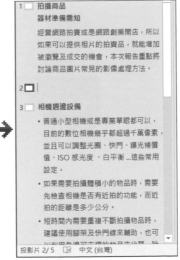

6.3 檢視大綱內容的方法

大綱 窗格中有提供幾種設定與檢視方法，讓編輯文字時，能更集中注意力快速完成一份簡報內容。

升階與降階

大綱 窗格中的文字，會依階層分別擺放在標題與副標題配置區中，於 **大綱** 窗格文字上方按一下滑鼠右鍵，可選按 **升階** 或 **降階** 功能調整該段文字的階層。**升階**：可提升段落的層級，最高層是主標題。若所標示的段落已是主標題，這個功能就無法使用，因為無法再往上升了！

◀ 將插入點移至第二張投影片主標題前方，按一下滑鼠右鍵，可看到 **升階** 功能無法選按。

降階：可下降段落的層級，到最低層級時功能就無法再使用。

◀ 當將段落降到最後一層時，按一下滑鼠右鍵，可看到 **降階** 功能無法選按。

上移與下移

如果對內文的編排順序不滿意時，可以使用 **上移** 與 **下移** 功能快速調整。

上移：移動的目標可以是某一個段落，也可以是某一張投影片向前移動一個項目。

下移：可以將整個段落或是投影片往後移動一個項目。

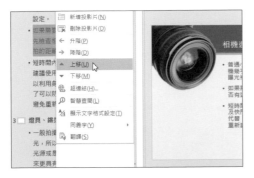

◀ 選取要移動段落，於選取區上按一下滑鼠右鍵，選按 **上移**。

◀ 可發現剛才選取的文字段落已整段往上移。

TIPS

利用拖曳方式調整順序

除了運用 **上移** 與 **下移** 功能外，還可利用拖曳的方式調整順序，只要將滑鼠指標移到段落左邊呈 按一下選取要變更順序的段落，按滑鼠左鍵不放拖曳至合適位置再放開，完成位置調整。

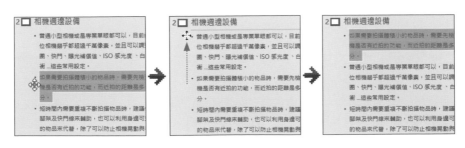

摺疊與展開

摺疊： 可以摺疊大綱窗格中目前段落的內容，只顯示這張投影片的主標題。

▲ 在要摺疊的段落上按一下滑鼠右鍵，選按 **摺疊 \ 摺疊**。

▲ 整個段落被摺疊起來，只剩下這張投影片主標題。

展開： 可以展開已摺疊的段落內容。

▲ 在要展開的主標題上按一下滑鼠右鍵，選按 **展開 \ 展開**。

▲ 即可展開被摺疊的段落。

TIPS

使用快速鍵

若是覺得每次都得按一下滑鼠右鍵很麻煩的話，可以按快速鍵 Alt + Shift + + 鍵展開段落， Alt + Shift + − 鍵摺疊段落。

全部摺疊：可將所有簡報的內容一次全部摺疊起來，只剩下主標題。

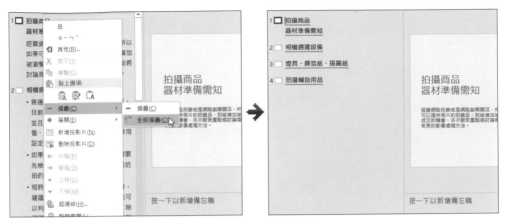

▲ 將插入點移至任一處按一下滑鼠右鍵，選　　　▲ 整份簡報的文字內容只剩下主標題。
　按 摺疊 \ 全部摺疊。

全部展開：已摺疊的文字任何一主標題上按一下滑鼠右鍵，選按 **展開 \ 全部展開**，
即可一次展開所有被摺疊的段落。

顯示文字格式設定

顯示格式設定：在 **大綱** 窗格中文字預設是沒有顯示格式設定的，若想要顯示文字在
投影片中設定的格式，可以將插入點移至任一處再按一下滑鼠右鍵，選按 **顯示文字
格式設定**。

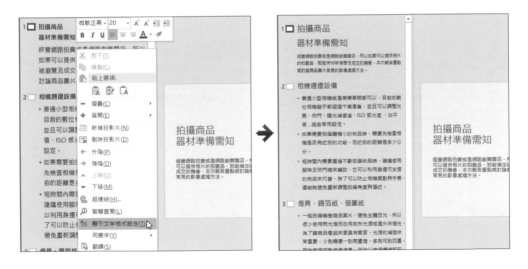

實作題

請依如下提示完成「賞楓之旅」簡報作品。

1. 開啟延伸練習原始檔 <賞楓之旅.pptx> 練習。

2. 於 常用 索引標籤選按 新增投影片 清單鈕 \ 從大綱插入投影片，插入延伸練習原始檔 <賞楓之旅.docx>。

3. 切換至 大綱模式，於第一張投影片，如上完成圖分別於 大綱 窗格輸入主標與副標文字。

4. 於 大綱 窗格，將插入點移至任一處按一下滑鼠右鍵，選按 摺疊 \ 全部摺疊，將所有投影片的內容摺疊起來僅保留標題。接著拖曳調整第三張與第四張投影片的位置，將「第2天」變成第三張投影片，「第3天」變成第四章投影片，最後請記得儲存檔案。

07

房屋買賣市場簡報
使用母片的技巧

投影片母片・母片組・母片底色・繪製母片背景

版面配置區塊・設計專業簡報背景

學習重點

「母片」是簡報的主體架構，包含了文字與物件的設定與編排、背景的設計與佈景主題的配置，這些都能讓投影片依循著母片的架構來統一變更，學會母片可讓您在製作簡報時更加有效率。

➕ 認識投影片母片	➕ 為母片重新命名	➕ 用相片設計簡報背景
➕ 設計母片底色	➕ 佈置母片內容	➕ 為相片套用美術效果
➕ 設計母片背景圖案	➕ 母片儲存為佈景主題	➕ 為相片套用色彩效果
➕ 設計版面配置區塊	➕ 母片儲存為範本	➕ 為相片套用校正效果
➕ 增 / 刪版面配置母片	➕ 套用設計好的母片組	➕ 淡化與調整背景圖片
➕ 運用版面配置變化	➕ 裁剪相片尺寸	

原始檔：<本書範例 \ ch07 \ 原始檔 \ 房屋市場簡報.docx>
完成檔：<本書範例 \ ch07 \ 完成檔 \ 房屋市場簡報.docx>

7.1 認識投影片母片

「母片」是投影片的版型，儲存範本設計相關資訊，包括文字格式、項目符號、背景設計和色彩配置...等，使用母片可以更快速的將設計套用至簡報。

PowerPoint 以版面配置定義簡報中投影片的內容格式及位置，首先開啟一份空白簡報檔，看看有哪些投影片版面配置。

▲ 於 **常用** 索引標籤選按 **新增投影片** 清單鈕，清單中可看到十一種預設的版面配置樣式。

於 **檢視** 索引標籤選按 **投影片母片**，進入母片編輯模式。

母片編輯模式下，會於左側縮圖窗格中看到一個由 **投影片母片** 樣式領隊的 **母片組**，
包含了 **投影片母片** 樣式及每個 **版面配置** 專屬的母片。發現了嗎？投影片母片下關
連的版面配置與剛剛看到 **新增投影片** 清單中的版面配置一樣，所以每個版面配置都
擁有一個專屬的母片。

投影片縮圖窗格中，較大的投影片縮圖代表 **投影片母片**，
而關聯的版面配置則定位於其下。

第一張標題投影
片就是套用此版
面配置母片。

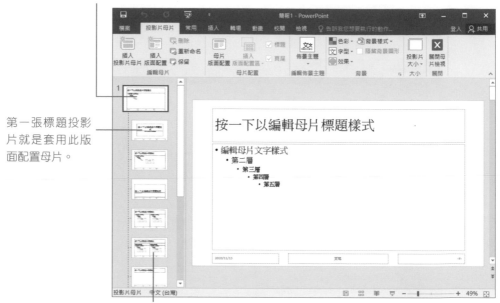

如果要調整版面配置內容，就必須於母片組中選按該版面配置
專屬的母片變更。

如果要調整的是簡報整體的設計，則建議由 **投影片母片** 調整，投影片母片控制了大
部分物件，如：文字格式、背景、頁碼...等，於 **投影片母片** 中的調整會影響到使用
相同物件的其他版面配置母片，但如果只於 **版面配置** 母片中調整時，僅該版面配置
變更。

7.2 自製母片打造個人風格簡報

想讓簡報更具特色，可以自行繪製簡單的元素後，透過母片快速統一套用設計。

設計母片底色

01 開啟一份空白簡報，於 **檢視** 索引標籤選按 **投影片母片** 進入母片編輯模式，接著就可以開始設計想要的版面。

02 首先為投影片統一更改為淡綠色的背景色，選取左側縮圖窗格中的 **投影片母片**，在編輯區空白處上按一下滑鼠右鍵選按 **背景格式** (或 **設定背景格式**) 開啟右側工作窗格。

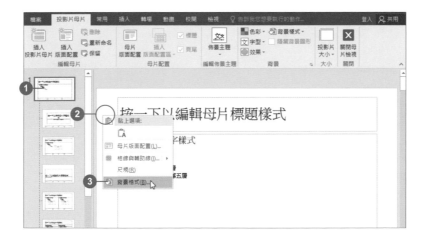

03 於 **填滿** 項目核選 **實心填滿**，按 **填滿色彩** 鈕，於清單中選按 **綠色, 輔色 6, 較淺 80%**，這樣即完成淡綠色的背景色，最後按工作窗格右上角 ⊠ **關閉** 鈕關閉工作窗格。

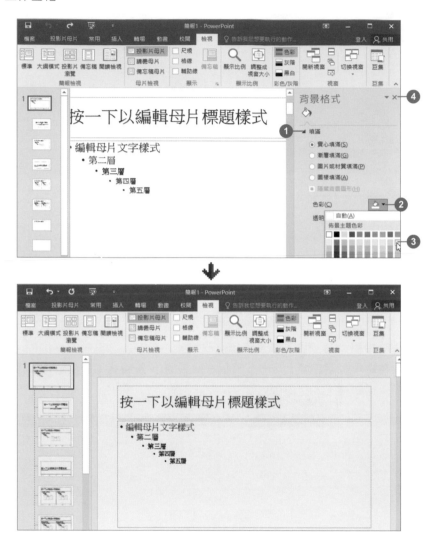

完成後，可看到整個母片組的背景色已呈現相同顏色，之後若再新增其他版面配置母片也會產生相同背景色。

設計母片背景圖案

當設計版面上的圖片、文字...等物件眾多時，常常需要考量對齊的問題，這時建議可運用尺規與輔助線來幫助物件的對齊。

01 切換至 **標題投影片** 版面配置，於 **檢視** 索引標籤核選 **尺規** 與 **輔助線**。

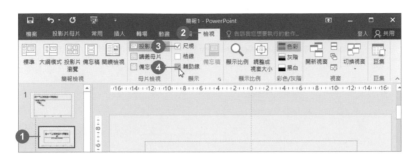

02 將滑鼠指標移至垂直輔助線上方呈 ✛ 狀，按滑鼠左鍵不放拖曳至左側 15.50 的位置，再於該輔助線上按滑鼠右鍵選按 **新增垂直輔助線** 新增另一垂直輔助線。

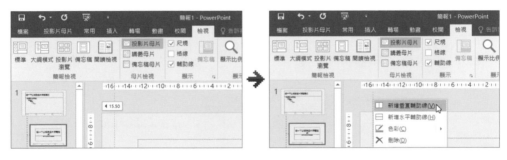

03 將新增的垂直輔助線拖曳至右側 15.50 位置後，依相同方式拖曳及新增水平輔助線，完成如右圖輔助線佈置。

有了輔助線後，接下來就可以依循著規劃的區域，繪製需要圖案。

01 切換至 **標題投影片** 版面配置開始繪製背景圖，於 **插入** 索引標籤選按 **圖案 \ 矩形 \ 矩形**。

02 先依循著左側及上方輔助線繪製矩形圖案，繪製後於 **繪圖工具 \ 格式** 索引標籤設定 **高度：「17 公分」、寬度：「15.8 公分」**。

03 於 **繪圖工具 \ 格式** 索引標籤選按 **圖案外框 \ 無外框**，再選按 **圖案填滿 \ 其他填滿色彩** 開啟對話方塊。

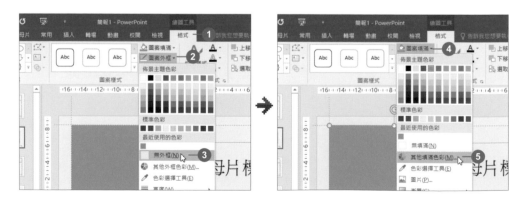

04 於 **自訂** 標籤設定 **紅色：**「130」、**綠色：**「159」、**藍色：**「92」、**透明：**「50%」，完成後按 **確定** 鈕，為矩形填入了半透明的墨綠色。

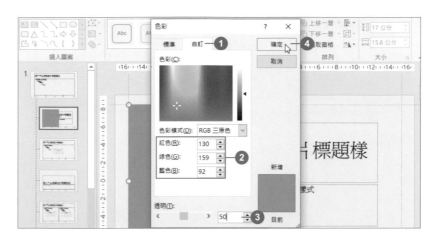

05 利用相同步驟，於如下圖位置插入一矩形圖案，分別設定 **圖案填滿 \ 其他填滿色彩 \ 紅色：**「130」、**綠色：**「159」、**藍色：**「92」，**圖案外框 \ 無外框**，**高度：**「4.5 公分」、**寬度：**「11.5 公分」。

06 利用相同步驟，於如右圖位置插入一矩形圖案，設定 **圖案填滿 \ 其他填滿色彩 \ 紅色：**「178」、**綠色：**「210」、**藍色：**「134」，**圖案外框 \ 無外框**，**高度：**「4.5 公分」、**寬度：**「2.5 公分」。

07 最後如下圖位置再插入二矩形圖案，分別設定 **無外框**、**高度**：「11.7 公分」、**寬度**：「11.5 公分」與 **無外框**、**高度**：「11.7 公分」、**寬度**：「2.5 公分」。

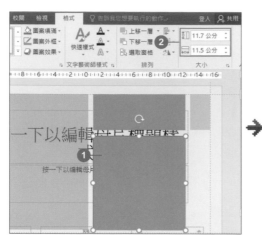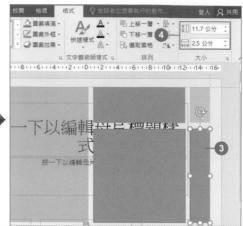

08 如圖選取右下角的大矩形圖案，於 **繪圖工具 \ 格式** 索引標籤選按 **圖案填滿 \ 色彩選擇工具**，接著將滑鼠指標移至如圖右上角小矩形圖案上方，按一下滑鼠左鍵進行吸色即可將選取的圖案填滿相同色彩。

09 依相同步驟為右下角小矩形圖案填滿右上角大矩形圖案的色彩。

10 完成後按 Shift 鍵選取繪製完成的所有矩形圖案，於 **繪圖工具 \ 格式** 索引標籤選按 **下移一層** 清單鈕 \ **移到最下層**。

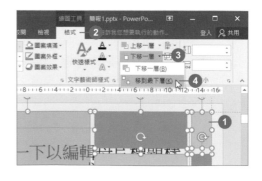

設計版面配置區塊

01 選取目前版面中預設的文字方塊，如下圖移動並縮放至合適的位置與大小，接著分別設定標題文字格式與內文文字格式。

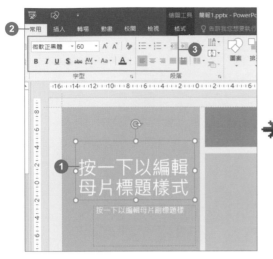

▲ 選取標題文字方塊，於 **常用** 索引標籤設定 字型：微軟正黑體、字型大小：**60 pt**、字 型色彩：白色、靠左對齊。

▲ 選取內文文字方塊，於 **常用** 索引標籤設定 字型：微軟正黑體、字型大小：**24 pt**、字 型色彩：白色、靠左對齊。

02 於 **投影片母片** 索引標籤選按 **插入版面配置區** 清單鈕 \ **內容**，將滑鼠指標移 至投影片上呈 ＋ 狀，如圖位置拖曳出適當大小的內容配置區塊。

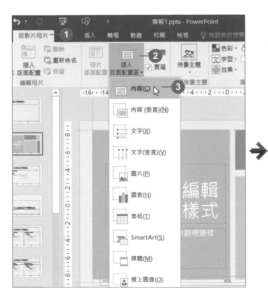

03 將滑鼠指標移至配置區上呈 ↖ 狀,縮放調整與背景圖案相同大小的合適尺寸,即完成此標題投影片的設計。

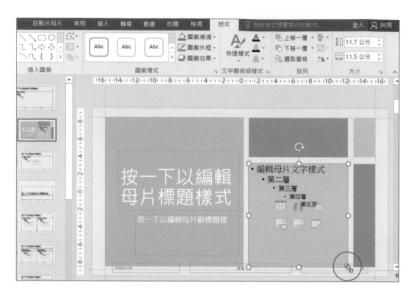

─ **T I P S** ─

插入版面配置區

選按 **插入版面配置區** 清單鈕可以依想插入的內容,選擇 **文字**、**圖片** 或是 **圖表**...等項目的版面配置區,或是選擇 **內容** 版面配置區即可插入所有配置項目。

▲ **內容** 版面配置區包含了:**文字**、**表格**、**圖表**、**SmartArt** 圖形、**圖片**、線上圖片、媒體。

7.3 運用版面配置變化母片

完成 **標題投影片** 版面配置的設計後，接著要先刪除不需要的版面配置，再新增、設計三個母片版面配置，並分別命名為「報告內容」、「圖表說明」、「SmartArt 說明」。

增 / 刪版面配置母片

01 除了保留 **投影片母片** 與第一張 **標題投影片** 版面配置母片外，刪除其他用不到的，先選取母片組中第二張版面配置，再按 Shift 鍵不放一一選取其他版面配置的母片 (第二~第十一張版面配置母片)，接著在任一選取的版面配置母片上方按一下滑鼠右鍵選按 **刪除版面配置**。

02 接著於 **投影片母片** 索引標籤選按 **插入版面配置** 三次，左側窗格就會產生三張新的投影片版面配置母片。

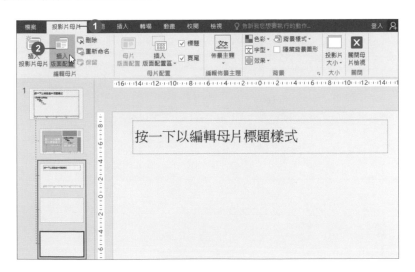

為各版面配置母片重新命名

01 在左側窗格第二張版面配置母片上按一下滑鼠右鍵,選按 **重新命名版面配置**,設定版面配置名稱為:「報告內容」,按 **重新命名** 鈕。

02 同樣的,分別選按左側窗格第三、四張版面配置母片,並將其重新命名為「圖表說明」與「SmartArt 說明」。

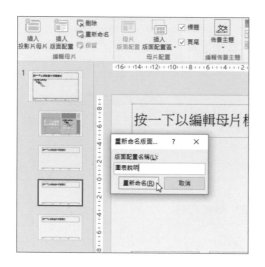 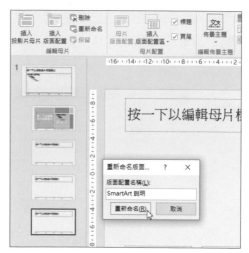

佈置各版面配置母片內容

除了自己繪製圖案外，還可以匯入向量圖檔 (.WMF) 美化版面，接下來使用預先設計好的 Logo 圖案 <大西洋房屋.wmf> 練習：

01 先切換至第二張版面配置母片，依照前面的步驟方式，繪製基礎的背景圖案，設定字型並插入 **線上圖像** (或 **線上影像**) 版面配置區。

設定 字型：微軟正黑體、字型大小：**60 pt**、字型色彩：白色、靠左對齊，對齊文字：下。

紅色：「91」、綠色：「155」、藍色：「213」，無外框。

紅色：「114」、綠色：「180」、藍色：「228」，無外框、透明度：**50%**。

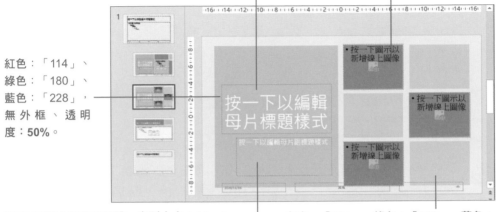

設定 字型：微軟正黑體、字型大小：**24 pt**、字型色彩：白色、靠左對齊，對齊文字：上。

紅色：「164」、綠色：「218」、藍色：「255」，無外框。

02 切換至第三張版面配置母片，如圖完成繪製、設定字型及插入 **內容** 版面配置區及其他設定。

紅色：「129」、綠色：「158」、藍色：「91」，無外框。

紅色：「178」、綠色：「210」、藍色：「134」，無外框。

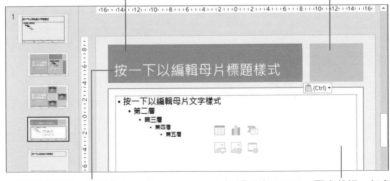

設定 字型：微軟正黑體、字型大小：**48 pt**、字型色彩：白色、靠左對齊，對齊文字：下。

白色,透明度：**50%**，圖案外框：紅色：「129」、綠色：「158」、藍色：「91」，粗細：3 點。

03 切換至第四張版面配置母片，如圖完成繪製及插入二個 **內容** 版面配置區及其他設定。(可以複製第三張版面配置母片元素來使用，再調整顏色即可)

紅色：「113」、綠色：「179」、藍色：「227」，無外框。

紅色：「163」、綠色：「219」、藍色：「255」，無外框。

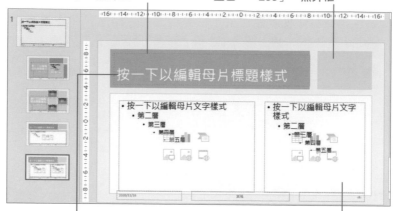

設定 字型：微軟正黑體、字型大小：**48 pt**、字型色彩：白色、靠左對齊，對齊文字：下。

白色,透明度：**50%**，圖案外框：紅色：「163」、綠色：「219」、藍色：「255」，粗細：3點。

04 切換至第一張版面配置母片，於 **插入** 索引標籤選按 **圖片** (或 **圖片 \ 此裝置**) 開啟對話方塊，選擇範例原始檔 <大西洋房屋.wmf>，按 **插入** 鈕。

05 縮放 LOGO 圖片並調整至合適的位置擺放，按 Ctrl + C 鍵複製圖片，切換至第二張版面配置母片並按 Ctrl + V 鍵將圖片貼上，依相同方式分於第三、第四張版面配置母片貼上。

關閉母片 / 檢視設計好的母片組

01 完成以上版面配置母片的設計，於 **投影片母片** 索引標籤選按 **關閉母片檢視** 退出母片編輯模式。

02 於 **常用** 索引標籤選按 **版面配置**，清單中可清楚看到剛剛自訂的版面配置項目。

TIPS

設定好的版面配置沒有出現？

如果投影片中沒有完整的出現剛剛設定好的版面配置時，可於 **常用** 索引標籤選按 **版面配置**，於清單中再次選按該版面配置項目，重新套用，這樣即可顯現新設計好的版面配置。

7.4 將設計好的母片儲存為佈景主題或範本

如果想在其他檔案繼續運用剛剛設計的母片，可以將母片儲存為佈景主題或是範本檔案，這樣往後面臨相同主題的簡報時更能得心應手。

將母片儲存為佈景主題

01 於 **檔案** 索引標籤選按 **另存新檔 \ 這部電腦 \ 瀏覽** 開啟對話方塊。

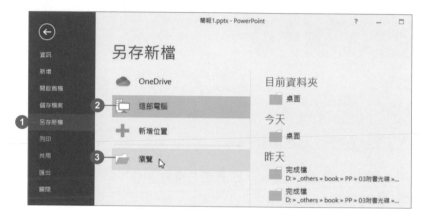

02 設定 **存檔類型：office 佈景主題(*.thmx)**，這時儲存路徑會自動切換到 <Document Themes> 資料夾中 (維持預設路徑)，接著輸入存檔名稱後按 **儲存** 鈕即完成。

03 於 **設計** 索引標籤選按 **佈景主題-其他**，清單中就可以看到新建立的 **房屋市場簡報** 佈景主題，接下來只要選擇套用即可。

將母片儲存為範本

除了使用佈景主題套用之外，還可將母片儲存成範本，這樣在建立新的簡報檔時就使用設計好的範本。

01 於 **檔案** 索引標籤選按 **另存新檔 \ 這部電腦 \ 瀏覽** 開啟對話方塊。

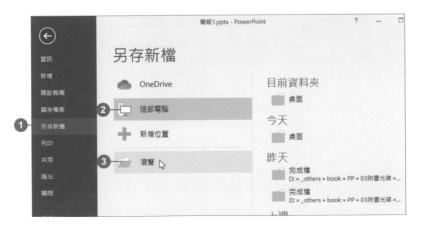

02 設定 **存檔類型：PowerPoint 範本(*.potx)**，這時儲存路徑會自動切換到 <自訂
Office 範本> 資料夾中 (維持預設路徑)，輸入存檔名稱後按 **儲存** 鈕即完成。

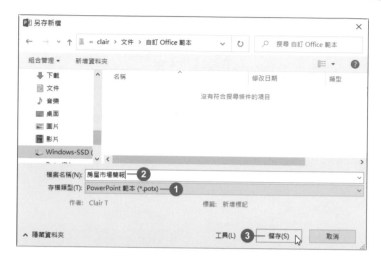

03 這樣一來，只要在建立新簡報時，於 **檔案** 索引標籤選按 **新增 \ 自訂 \ 自訂
Office 範本**，在資料夾中即可選擇製作好的範本來使用。

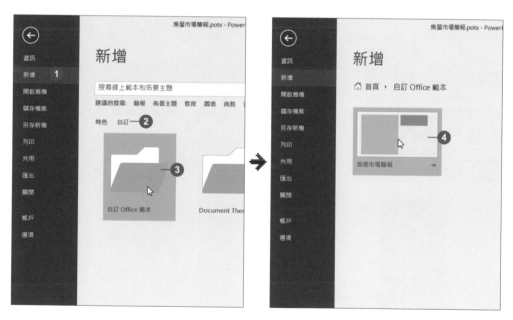

7.5 套用設計好的母片組

設計好的母片組可套用與加入簡報內容，也可透過前一節說明的佈景
主題或範本來套用，在此以範本的套用方式來說明。應用設計好的
「房屋買賣市場」範本，完成一份圖文並茂的簡報作品。

01 於 **檔案** 索引標籤選按 **新增 \ 自訂 \ 自訂 Office 範本**，在資料夾中選按上一節
儲存的範本縮圖，再按 **建立** 鈕產生新簡報。

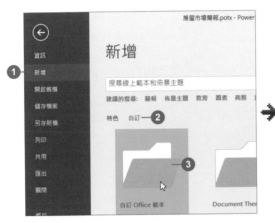
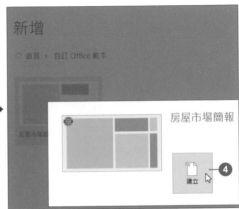

02 於 **常用** 索引標籤選按 **新增投影片** 清單鈕，於清單選取合適的版面配置即
可，此例除了範本預設的第一張標題投影片，分別依序新增了 **報告內容**、**圖
表說明**、**SmartArt 說明** 三個版面配置投影片。

03 接著依前面章節說明過的文字設計、插入圖片…等編輯功能，為投影片加上相關內容與設計，完成此份「房屋買賣市場」。(文字內容可參考範例原始檔中 <母片相關文字.txt>)

◀ 插入線上圖片，搜尋「房子」、「房屋」關鍵字，裁切並調整至合適大小。

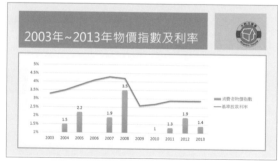

◀ 插入外部圖片 (範例原始檔 <投資類型.jpg>、<物價指數及利率.jpg>)，調整並縮放至合適大小及位置擺放。

7.6 用相片設計專業簡報背景

如何讓人對簡報內容產生興趣呢？除了演講者氣勢與專業知識外，瞬間吸引觀眾目光也是該注重的著眼點。設計企業或個人專屬簡報背景，以貼切且更合適簡報主題來吸引眾人目光吧！

設計前得先了解該簡報的用途，再決定背景圖片的設計走向，儘可能單純簡潔，以免太過花俏複雜影響簡報內容。

裁剪相片尺寸

要使用在投影片背景的圖片不一定與投影片有相同的尺寸，所以插入之後需再裁切為合適大小。

01 於 **檢視** 索引標籤選按 **投影片母片** 進入母片編輯模式，於左側投影片縮圖窗格中，選按 **投影片母片**。

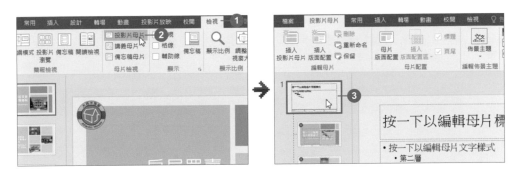

02 於 **插入** 索引標籤選按 **圖片** (或 **圖片 \ 此裝置**)，選按範例原始檔 <板橋車站.jpg> 再按 **插入** 鈕。

03 拖曳圖片四個角落的控點，正比例縮放圖片大小，再移動至覆蓋整張投影片，接著於 **圖片工具 \ 格式** 索引標籤選按 **裁剪** 清單鈕 \ **裁剪**。

04 圖片上出現 **裁剪控點** 後，拖曳 **裁剪控點** 標示要保留的區域，在此拖曳至與投影片相同尺寸。

05 標示完成後，再次於 **圖片工具 \ 格式** 索引標籤選按 **裁剪** 清單鈕 \ **裁剪** 即可裁切圖片為想要的尺寸。

為相片套用美術效果

美術效果有多種不同的筆觸與畫風可以套用變更圖片風格。

01 選取要套用的圖片，於 **圖片工具 \ 格式** 索引標籤選按 **美術效果 \ 美術效果選項**。

02 於右側 **設定圖片格式** 窗格，**美術效果** 選按 **繪圖筆劃**、**透明度**：「50%」、**濃度**：「2」。

為相片套用色彩效果

色彩效果可以變更相片的色彩飽和度、色調及重新著色，在此要減少背景圖片的彩度。於 **圖片工具 \ 格式** 索引標籤選按 **色彩**，——選按 **飽和度：0%**、**色溫：4,700K**、**重新著色：藍色, 強調 1 淺色**。

為相片套用校正效果

校正效果可以降低相片的亮度、對比與銳利度，在此要減少背景圖片的銳利度與亮度、對比。於 **圖片工具 \ 格式** 索引標籤選按 **校正**，——選按 **柔邊：25%**、**亮度/對比：亮度-20% 對比-40%**。

淡化與調整背景圖片

最後要將背景圖片移到投影片所有物件下方才不會遮到文字，如果覺得圖片顏色還是太深，可以再加上一個白色透明圖案，讓內容文字更清晰。

01 於 **插入** 索引標籤選按 **圖案 \ 矩形 \ 矩形**。

02 於投影片左上角按著滑鼠左鍵不放拖曳至投影片右下角，產生一個矩形覆蓋整個投影片。

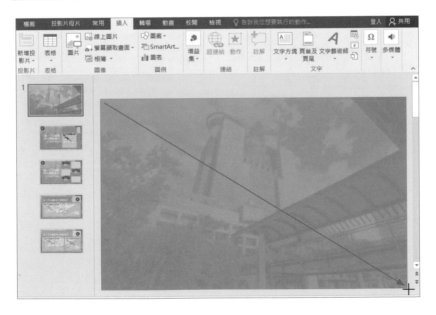

03 於 **繪圖工具 \ 格式** 索引標籤選按 🔲 **圖案樣式** 對話方塊啟動器，於 **填滿** 設定 **色彩：白色，背景1、透明度：60%**，於 **線條** 核選 **無線條**，設定完成後按右 上角 ⊠ 鈕。

04 接著要將前面設計的圖片與白色透明圖案移到文字下方：在選取透明白色圖 案的情況下，於 **圖片工具 \ 格式** 索引標籤選按 **下移一層 \ 移到最下層**，再選 取目前在最上層的背景圖片，於 **圖片工具 \ 格式** 索引標籤選按 **下移一層 \ 移 到最下層**。

完成層次變更後，即為好看又不會擋住文字的簡報背景。

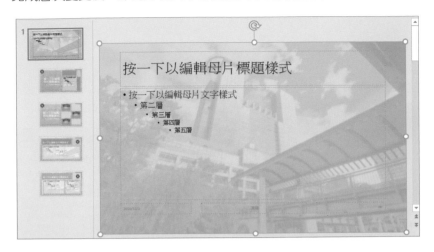

05 最後於 **投影片母片** 索引標籤選按 **關閉母片檢視** 回到編輯區中，可看到獨特的簡報背景設計。

▲ 完成檔：<本書範例 \ ch07 \ 完成檔 \ 房屋買賣市場 (有背景圖).pptx>

實作題

請依如下提示完成「簡報設計的心動配色」作品。

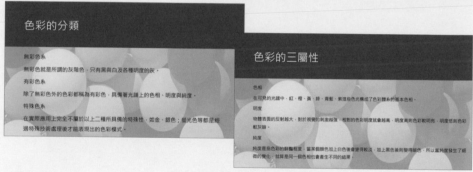

1. 新增一空白簡報，於 **檢視** 索引標籤選按 **投影片母片** 進入母片編輯模式，除了投影片母片與第一張 **標題投影片** 版面配置以外將其他的版面配置刪除，接著於 **投影片母片** 索引標籤取消核選 **頁尾**。

2. 變更 **標題投影片** 版面配置背景：在編輯區空白處上按一下滑鼠右鍵選按 **背景格式** (或 **設定背景格式**) 開啟右側工作窗格。

於 **背景格式** 窗格核選 **圖片或材質填滿**，再按 **檔案** (或 **插入**) 鈕插入範例原始檔 <背景.gif> 圖檔，即可將圖片插入為背景。

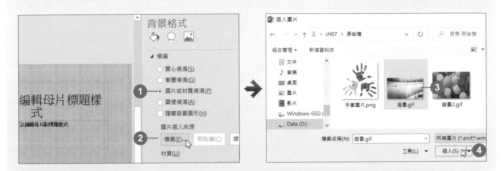

3. 變更 **標題投影片** 版面配置的文字字型與字級大小：母片標題樣式的文字設定 **字型**：微軟正黑體、**字型大小**：**60**，再選取母片副標題樣式的文字設定 **字型**：微軟正黑體、**字型大小**：**28**，接著如下圖調整文字方塊至合適大小。

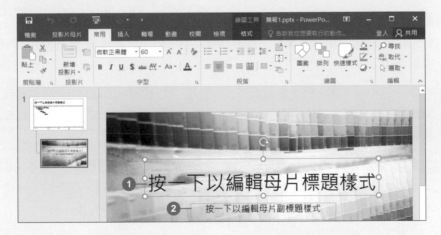

4. 於文字下方加一個白色矩形讓文字較突出：於 **插入** 索引標籤選按 **圖案 \ 矩形** 拖曳一矩形，並於 **繪圖工具 \ 格式** 索引標籤設定 **圖案填滿：白色, 背景 1**、**圖案外框：無外框**、**圖案效果 \ 柔邊：25 點**，再選按 **下移一層** 清單鈕 \ **移到最下層**。

5. 新增版面配置：於 **投影片母片** 索引標籤選按 **插入版面配置** 鈕，取消核選 **頁尾**，將此版面配置命名為「色彩的本質」。接著於 **投影片母片** 索引標籤選按 **插入版面配置區** 清單鈕 \ **內容**，在投影片如下圖位置中拖曳出內容方塊。

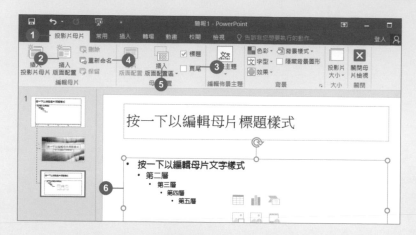

6. 變更「色彩的本質」版面配置母片的背景：先按 [Esc] 鍵取消選取內容方塊，於 **背景格式** 窗格核選 **圖片或材質填滿**，按 **檔案** 鈕，插入延伸練習原始檔 <背景2.gif> 圖檔，接著於 **背景格式** 窗格設定透明度為 **70%** 完成背景設定。

   接著於 **插入** 索引標籤選按 **圖案** \ **矩形**，拖曳一矩形，並於 **繪圖工具** \ **格式** 索引標籤設定 **圖案填滿：深紅、圖案外框：無外框**，再選按 **下移一層** 清單鈕 \ **移到最下層**。

7. 變更「色彩的本質」版面配置母片的文字字型：標題樣式設定 **字型：微軟正黑體、字型色彩：白色, 背景 1**。接著選取內文樣式文字設定 **字型：微軟正黑體**，再選按 **項目符號** 取消預設的項目符號。

8. 於 **常用** 索引標籤選按 **新增投影片** 清單鈕，分別新增除了標題投影片以外的三個版面配置投影片，開啟延伸練習原始檔 <心動配色.txt> 文字檔，將檔案中的文字複製貼上到投影片中，再調整合適的段落及文字大小。

完成囉！記得儲存作品檔案，最後於 **投影片放映** 索引標籤選按 **從首張投影片**，放映並觀賞此簡報作品。

08

食品衛生簡報
多樣佈景主題設計

設計原則

變更佈景主題的色彩、字型與效果

背景樣式・儲存與分享自訂的佈景主題

製作簡報的過程中，維持簡報外觀的一致性是很重要的一個環節，雖然利用 PowerPoint 的佈景主題就可以輕鬆製作出好看的簡報，但如何去衡量色彩運用、圖形巧妙的搭配以免簡報失焦也是一個很重要的技巧。

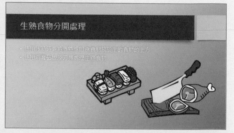

- ➕ 佈景主題設計原則
- ➕ 關於套用佈景主題
- ➕ 變更佈景主題的色彩
- ➕ 設定佈景字型與物件樣式
- ➕ 變更背景樣式
- ➕ 儲存與分享自訂的佈景主題

原始檔：<本書範例 \ ch08 \ 原始檔 \ 食品衛生.pptx>
完成檔：<本書範例 \ ch08 \ 完成檔 \ 食品衛生.pptx>

8.1 佈景主題設計原則

善加運用色彩設計不但可正確傳達簡報主題的概念，還可以使簡報引人注目，內容也更容易被聽眾理解。

設計簡報視覺風格最快速的方法就是套用 PowerPoint 內建的佈景主題樣式，然而在套用各類樣式與色彩時，可不是一味加上色彩即可，必須注意色彩所傳遞出的訊息，要站在聽眾的立場考量。

以性別來區分：男性較偏好冷色系，例如：深藍色、黑色，而女性則偏好暖色系，例如：紅色、粉紅色、黃色、橙色。

以年齡來區分：老年人偏好低明度、低彩度的色彩，年輕人則偏好暖色調、高明度、高彩度的色彩。

主題、性別、年齡...等因素的差別，均會影響簡報設計的方向。以下有幾點關於佈景主題的設計原則提供給您。 (範例完成檔 <設計原則.pptx>)

例 1：關於配色 (參考第一、二張投影片)

 背景色彩建議不宜太花俏，太多色彩會干擾視覺上的觀看，令人眼花撩亂無法專心閱讀。

 背景色彩單純，整體配色協調，背景與文字對比強烈，使觀看者在閱讀時簡單明瞭。

例 2：關於色彩視覺效果 (參考第三、四張投影片)

下方左圖綠色背景與黃色文字屬於鄰近色，所以在觀看上文字會非常不明顯，此時如果搭配白色或黑色字加強對比就可使閱讀更輕鬆，或是如右圖方式加上文字陰影來強調文字。

 色彩是視覺瀏覽時首要的元素，次要是圖形與文字，因此對比性、顯著性與和諧性均是設計時的考量。

○ 高對比性色彩的組合雖有較高的顯著性，但也要注意整體的和諧性效果。

例 3：關於佈景主題的樣式與色彩配置 (參考第五、六張投影片)

簡報在討論食品衛生方面的話題，屬於較生硬、不活潑的主題，所以在配色上盡量可以運用較顯眼或鮮豔的顏色，讓觀看者在旁聽時視覺上不會感到沈悶，善加利用色彩會令簡報訊息的傳遞更加容易。

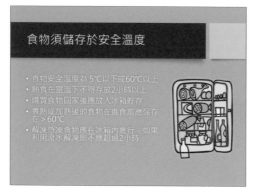

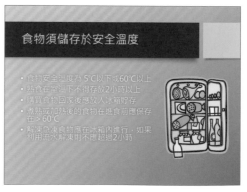

 選擇與主題搭配的配色也是重要的一點，合適的顏色會讓簡報加分贏得觀眾的關注。

○ 綠色屬於色相中的中性色系，搭配插圖的色調讓主體感更加協調。

8.2 用佈景主題快速設計出簡報風格

佈景主題功能可一次調整文件中的色彩、字型和效果配置，快速建立
風格一致、外觀專業的簡報。

套用內建的佈景主題

01 開啟範例原始檔 <食品衛生.pptx>，切換至第一張投影片，於 **設計** 索引標籤
選按 **佈景主題-其他**，清單中選按合適的佈景主題樣式，將此樣式套用至所有
投影片。(本範例套用 **柏林** 樣式)

02 於 **設計** 索引標籤 **變化** 項目中選按合適的佈景主題變化樣式，將此變化樣式套用至所有投影片。(本範例套用 **綠色** 變化樣式)

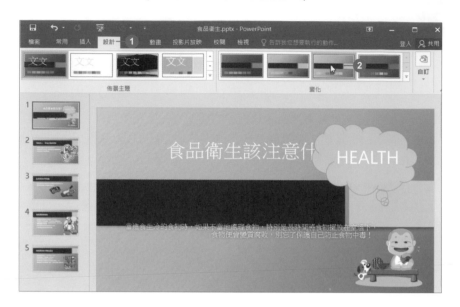

重設投影片版面配置

套用佈景主題後，文字方塊並不會隨著不同佈景主題的套用而變更或調整至最合適的位置，若套用後呈現出來的效果與文字位置並不理想時，建議可重設投影片的版面配置，即可讓文字方塊隨著佈景主題原有的版面配置進行變更：

01 先瀏覽一下目前簡報作品於套用此佈景主題設計後各張投影片的效果：

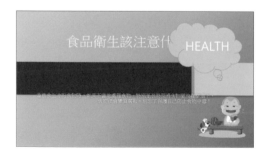

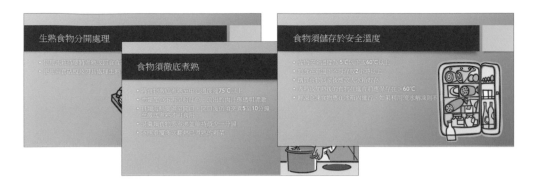

可發現目前僅第一張投影片的標題文字與段落文字沒有擺放在該佈景主題預設的位置，其他張投影片的版面配置大致沒問題，所以接下來應用 **重設投影片** 功能調整。

02 於要進行版面配置重設的投影片空白處按一下滑鼠右鍵 (在此調整第一張投影片)，選按 **重設投影片** 讓投影片的文字方塊重新變更為目前佈景主題預設版面配置。

版面配置重設後，再調整標題及段落的文字格式即可。

字型大小：54pt　　　　　　　　字型大小：24pt, 字型色彩：黑色

資 訊 補 給 站

一份簡報套用多種不同的佈景主題

一份簡報可以套用多個佈景主題，選取欲套用佈景主題的投影片後，於 **設計** 索引標籤選按 **佈景主題-其他**，清單中於想套用的佈景主題縮圖上按一下滑鼠右鍵選按 **套用至選定的投影片** 即完成替該投影片套用指定的佈景主題設計。

▲ 套用多種不同佈景主題時，最好挑選設計風格相近的主題參雜運用，不建議套用太多種佈景主題在一份簡報之上，除非該簡報投影片的數量非常多，可以藉此區隔不同主題，不然以此範例只有五張投影片來說，套用太多不同的佈景主題反而會使簡報的視覺呈現太過複雜。

8.3 佈景主題的色彩組合

每一份佈景主題都擁有一組特定色彩、文字及效果設定,若是佈景主題預設的配色不適合這份簡報主題時,可直接套用其他配好的顏色組合,改變整個設計風格與外觀。

套用內建的色彩組合

於 **設計** 索引標籤選按 **變化-其他 \ 色彩**,於清單中會看到多個主題的色彩配置,而主題名稱旁邊會看到八個色槽,分別是代表了一深一淺的背景色彩和六個佈景主題的強調色彩。

01 於 **設計** 索引標籤選按 **變化-其他 \ 色彩**,清單中選按合適的佈景主題色彩樣式套用。(此範例套用 綠黃色)

將滑鼠指標移至色彩配置的縮圖上,可於投影片立即預覽套用後的效果。選按後,套用的佈景色彩會被一個橘色方框選取。

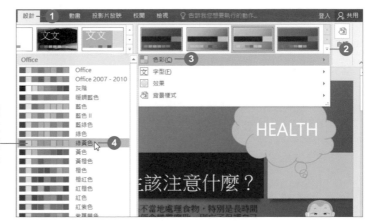

02 五張投影片即快速變更所設定的色彩樣式。

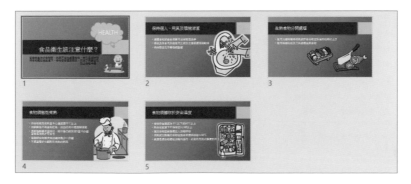

自訂佈景主題色彩

簡報作品需視內容或是企業產品來搭配合適的色彩，完整的佈景主題色彩共有十二個色槽，前四個色彩是適用於深、淺文字和背景的色彩，接下來的六個色彩是強調色彩，最後兩種色彩是適用於超連結和已瀏覽過的超連結色彩，此時就要利用自訂的配色來完成色彩的設計。

01 於 **設計** 索引標籤選按 **變化-其他 \ 色彩 \ 自訂色彩** 開啟對話方塊。

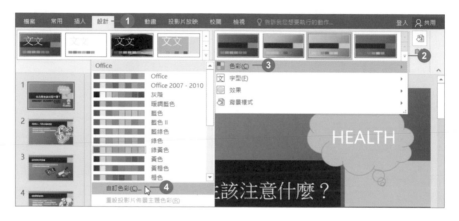

02 在欲調整色彩的清單鈕設定合適色彩，接著於 **名稱** 欄位輸入「食品衛生簡報配色」，按 **儲存** 鈕即完成新的佈景主題色彩的設定。

當您選取更換 **佈景主題色彩**，**範例** 預覽畫面便會隨之更新。

◀ 此例為 文字/背景 - 深色 2 設定 亮綠色,輔色1,較深 25%；輔色 2 設定 紅色：「255」、綠色：「80」、藍色：「80」。

03 即可在佈景主題 **色彩** 清單中產生一新的色彩組合項目。此新增的佈景主題色
彩將會永遠保留在清單中,待下次開啟新的簡報或其他簡報作品時,均可再
度使用。

────○T○I○P○S○────

刪除自訂佈景主題色彩

若是欲刪除自訂的佈景主題色彩,可於該色彩項目上按一下滑鼠右鍵,選按 **刪除**
開啟對話方塊,再按 **是** 鈕即可。

8.4 佈景主題的字型與圖案樣式

套用佈景主題中設計好的字型與圖案樣式，可以快速改變簡報的整體風格。

快速套用佈景主題字型

01 於 **設計** 索引標籤選按 **變化-其他 \ 字型**，清單中選按合適的字型樣式，若是清單中沒有找到合適的字型樣式可以選按 **自訂字型** 開啟對話方塊，編修或自訂新的字型樣式。

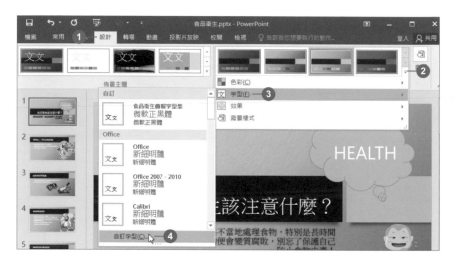

02 設定合適的 **標題字型** 與 **本文字型**，輸入 **名稱**：「食品衛生簡報字型集」，完成後按 **儲存** 鈕，所有投影片都完成字型的變更。

在此可預覽替換後字型搭配的結果。

快速套用佈景主題物件樣式

若是由圖案所繪製組成的物件，經過浮凸或立體化...等圖案樣式設計後，就能套用佈景主題中 **效果** 的設計應用。

01 切換至第一張投影片，選取投影片右側已繪製好的 **"HEALTH"** 雲朵圖案，接著於 **繪圖工具 \ 格式** 索引標籤選按 **圖案樣式-其他**，清單中選擇合適的佈景主題圖案樣式套用。(此範例套用 **鮮明效果 - 紅色, 輔色2**)

02 於 **繪圖工具 \ 格式** 索引標籤選按 **圖案效果**，清單中選擇合適的效果套用。(此範例套用 **光暈 \ 紅色, 強調色 2, 8 pt 光暈**)

03 於 **設計** 索引標籤選按 **變化-其他 \ 效果**，清單中選擇合適的效果套用。(此範例套用 **帶狀邊緣**)

8.5 變更與設計背景

套用 **佈景主題** 時會有預設的背景圖案或是圖片，除了可於 **設計** 索引標籤選按 **色彩** 改變色彩外，還可以透過 **背景樣式** 來改變背景的填滿或是各種效果。

套用背景樣式

01 切換至第一張投影片，於 **設計** 索引標籤選按 **變化-其他 \ 背景樣式 \ 樣式 7** 按一下滑鼠右鍵選按 **套用至所選的投影片**。

02 可以看到第一張投影片的色彩已經變更為 **樣式 7** 的設計。

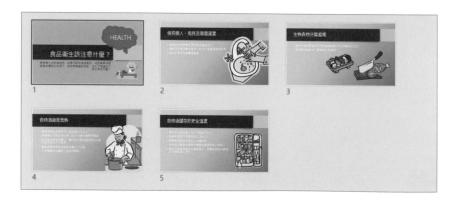

隱藏背景圖形

01 如果背景不想有太多佈景主題預設的圖形干擾，可於 **設計** 索引標籤選按 **變化-其他 \ 背景樣式 \ 背景格式** (或 **設定背景格式**) 開啟右側窗格，核選 **隱藏背景圖形**，目前投影片佈景主題中的圖形就會隱藏不見。

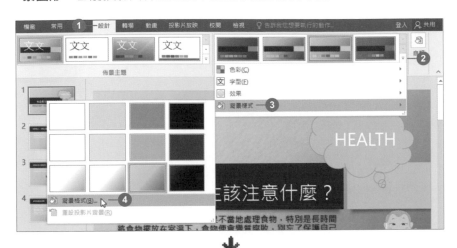

02 若取消核選 **隱藏背景圖形**，原佈景主題中的圖形就會再出現在投影片背景。

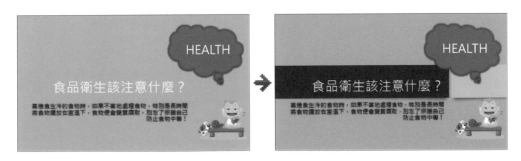

以相片或是特殊材質填滿

01 於 **背景格式** 窗格 **填滿項目** 核選 **圖片或材質填滿**，選按 **材質** 清單鈕，可於清單中選按喜愛的材質圖片進行背景設計，選按後會套用於目前的投影片，如果想要套用到所有投影片可以選按 **全部套用** 鈕。

02 也可核選 **圖樣填滿** 於清單中挑選合適的圖樣背景及色彩。

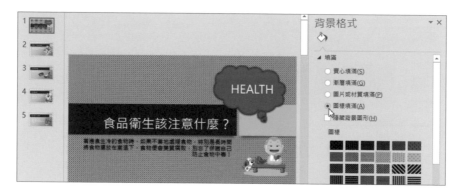

03 萬一沒有合適的材質或圖樣時，還可於 **填滿** 項目核選 **圖片或材質填滿**，再選按 **檔案** 鈕 (或 **插入** 鈕 \ **從檔案**) 插入外部相片、圖片做為背景。

選取範例原始檔 <background.jpg> 圖檔，再按 **插入** 鈕。

04 為了讓背景圖片顏色不要太深而模糊了投影片的主題，可於 **背景格式** 窗格設定 **透明度：50%**。

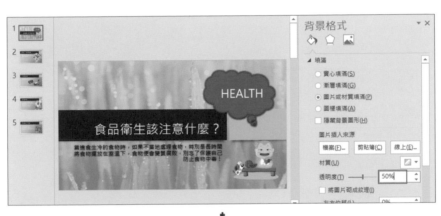

資 訊 補 給 站

背景格式的色彩校正與美術效果

在 **背景格式** 中除了使用材質填滿或是插入外部檔案圖片,還可利用 **圖片校正**、
圖片色彩、**美術效果**...等功能來使投影片背景樣式更多樣化。

▲ **圖片** 標籤 \ **圖片校正**
　 中可以設定圖片邊緣產
　 生 **銳利/柔邊**,並調整
　 圖片 **亮度** 與 **對比**。

▲ **圖片** 標籤 \ **圖片色彩** 中可以設定圖片的 **色彩飽和
　 度**、**色調** 及 **重新著色**。

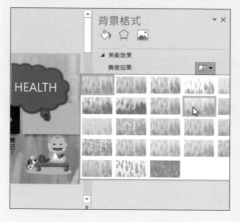

◀ **效果** 標籤 \ **美術效果** 中選按 **美術效果樣式**
　 清單鈕,於清單選按預設好的效果圖即可
　 為原有的背景設計套用指定美術效果。

8.6 儲存與套用自訂的佈景主題

完成了所有佈景主題的相關設定後，可以另存為自訂的佈景主題，方便將來製作相關簡報時再套用，節省重新製作的時間。

01 於 **設計** 索引標籤選按 **佈景主題-其他**，清單中選按 **儲存目前的佈景主題**。

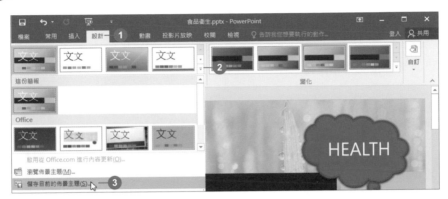

02 儲存佈景主題時，建議使用預設的儲存路徑：<C:\Users\使用者名稱\AppData\Roaming\Microsoft\Templates\Document Themes>。接著輸入 **檔案名稱**：「食品衛生簡報佈景主題.thmx」，再按 **儲存** 鈕。

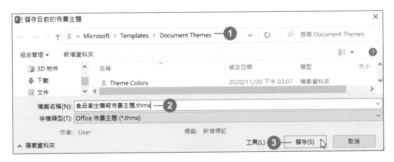

03 於 **設計** 索引標籤選按 **佈景主題-其他**，清單中 **自訂** 區塊可看到已儲存的自訂佈景主題。

8.7 分享與套用自訂的佈景主題

於前一節將自訂的佈景主題儲存為佈景主題專屬檔案 (*.thmx) 後，可以將該佈景主題與其他朋友分享。

於儲存的路徑下將要分享的佈景主題專屬檔案 (*.thmx) 或簡報檔 (*.pptx)，以複製或 mail 的方式傳遞給朋友，再請朋友先存在本機電腦中並透過以下方式套用：

01 開啟要套用該佈景主題的簡報檔，於 **設計** 索引標籤選按 **佈景主題-其他**，清單中選按 **瀏覽佈景主題**。

02 於開啟的對話方塊選按要套用佈景主題的 .pptx 檔或是 .thmx 檔，再按 **套用** 鈕，這樣一來就會將此佈景主題套用在簡報檔。

▲ *.thmx 是 PowerPoint 儲存成佈景主題後的檔案名稱。

實作題

請依如下提示完成「民俗節慶項目」作品。

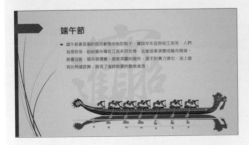

1. 開啟延伸練習原始檔 <民俗節慶項目.pptx>，於 **設計** 索引標籤選按 **佈景主題-其他**，清單中選按 **離子**，再於 **變化** 清單中選按合適的變化色彩樣式。

2. 接著定義佈景主題字型，於 **設計** 索引標籤選按 **變化-其他 \ 字型**，清單中選按 **TrebuchetMs 微軟正黑體** 佈景主題字型。

3. 準備套用第二個佈景主題，切換至第二張投影片後，於 **設計** 索引標籤選按 **佈景主題-其他**，清單中 **絲縷** 樣式上按一下滑鼠右鍵，選按 **套用至選定的投影片**。

4. 於 **設計** 索引標籤選按 **變化-其他 \ 色彩**，清單中選按 **紅色** 佈景主題色彩，改變第二張投影片原本的配色。

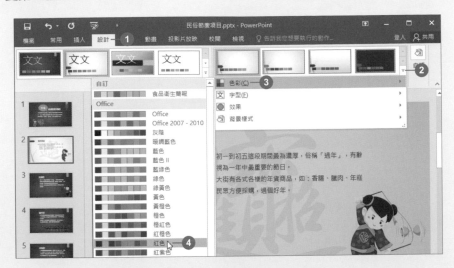

5. 於左側 **投影片** 窗格選按第二張投影片縮圖，於 **常用** 索引標籤選按 **複製格式**，當滑鼠指標旁出現刷子狀時，移動到 **投影片** 窗格第三張投影片縮圖上按一下滑鼠左鍵，即可將所有格式完全複製到第三張投影片之中。

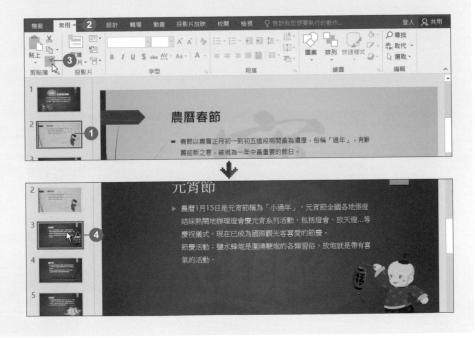

6. 依相同方法將第四、五張投影片利用 **複製格式** 的方式來完成設計。

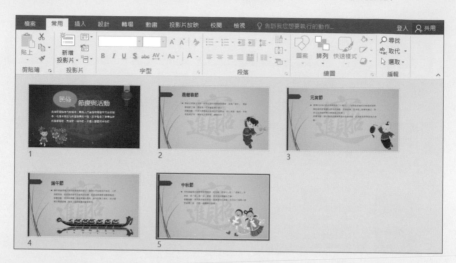

7. 可以藉由設計物件樣式讓投影片更生動，切換至第一張投影片選取「民俗」對話雲物件，於 **繪圖工具 \ 格式** 索引標籤選按 **圖案樣式-其他** 清單中選按 **淺色1外框, 色彩填滿 - 橙色, 輔色2** 圖案樣式套用。

8. 完成樣式調整後，最後調整文字樣式及物件的大小、角度、位置...等項目讓它更加符合主題。

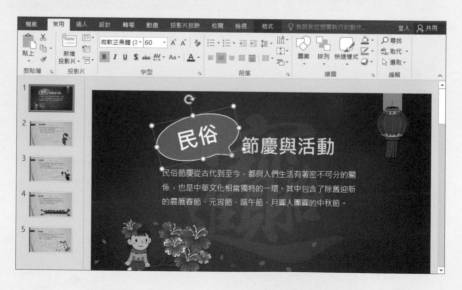

09

景點趴趴 GO 簡報
建立 SmartArt 圖形視覺效果

設計原則・SmartAart 圖形

文字窗格・圖形格式

變更色彩・SmartArt 樣式

動畫效果

SmartArt 擁有許多圖形類型，例如：流程圖、階層圖、循環圖和關聯圖，每個類型都包含數種不同的版面配置，再搭配動畫效果，讓作品以多樣化方式呈現。

+ 將文字清單變成 SmartArt 圖形物件
+ 插入 SmartArt 圖形
+ 輸入 SmartArt 圖形內容文字
+ 文字格式的調整
+ 調整 SmartArt 圖形大小與位置

+ 調整圖案大小與位置
+ 變更圖案形狀
+ SmartArt 圖形加入圖片
+ 變更色彩與樣式
+ 將 SmartArt 圖形套用動畫效果

原始檔：<本書範例 \ ch09 \ 原始檔 \ 景點趴趴GO.docx>
完成檔：<本書範例 \ ch09 \ 完成檔 \ 景點趴趴GO.docx>

9.1 SmartArt 設計原則

圖形的表現方式有時候會比文字的效果更好，SmartArt 圖形可以幫助簡報者突顯內容的重點性以及用動態視覺效果說明流程、概念、階層和關係，為簡報增添豐富的視覺效果和多樣性。

● 製作流程建議：

以下有幾點關於 SmartArt 的設計原則提供給您。(範例完成檔 <設計原則.pptx>)

例 1：選擇合適的 Smart Art 圖形樣式 (參考第一、二張投影片)

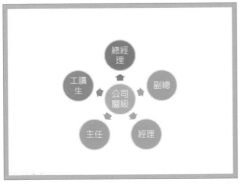

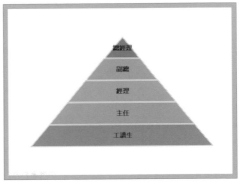

❌ 層級式的資料，如公司組織架構以放射性的圖形呈現較不合適，無法了解由上至下的從屬關係。

⭕ 層級式資料較常用的是 SmartArt 圖形中的 **階層圖**，然而若想有所不同的設計，**金字塔圖** 也是一個不錯的選擇。

例 2：圖形色彩與方向的關連性 (參考第三、四張投影片)

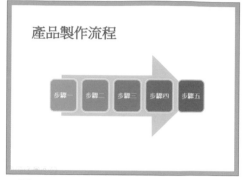

✖ 一般來說，淺色代表事件的開始點、深色代表事件的結束點，當圖形代表著資料的順序關係時，需注意色彩的使用上是否恰當。

⭕ 步驟一至步驟五的圖案上若想要設計不同的色彩，必須由淺色至深。如果後方的箭頭要設計上漸層色時，也需要遵守相同的色彩設計原則。

例 3：符合觀眾的瀏覽習慣 (參考第五、六張投影片)

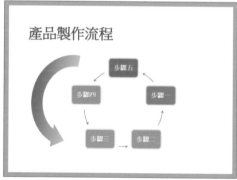

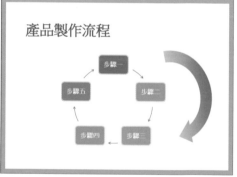

✖ 遵循由上而下、由左而右、由內而外的設計原則，上圖以逆時鐘的方式呈現違反了一般觀眾瀏覽的習慣，另外圖形的起點，步驟一的位置並非於十二點鐘方向，這樣也會令觀眾覺得不易瀏覽。

⭕ 以圓形環繞的 **循環圖** 來說，正確的瀏覽習慣是由十二點鐘方向順時鐘的瀏覽，符合觀眾的瀏覽習慣設計的圖形才能有效的呈現簡報內容。

9.2 建立 SmartArt 圖形

SmartArt 可以將簡單的文字清單設計成圖案和彩色的圖形，不但以視覺的方式展示流程、概念、階層和關聯，也讓作品更顯活潑。

將文字清單變成 SmartArt 圖形物件

簡報中的文字不宜過多，枯燥乏味的文字容易令觀看的人們失去專注力，那該如何將現有的簡報文字內容轉換為美感與專業兼具的 SmartArt 圖形物件呢？現在一起動手製作。

01 開啟範例原始檔 <景點趴趴GO.pptx>，切換至第二張投影片，選取要轉換為 SmartArt 圖形物件的文字清單。

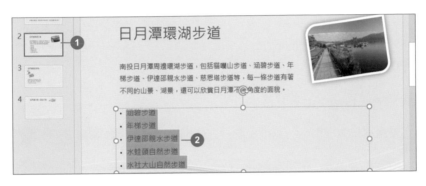

02 於 **常用** 索引標籤選按 **轉換成 SmartArt \ 其他 SmartArt 圖形** 開啟對話方塊。

03 選按 **流程圖 \ 步驟上移程序**，再按 **確定** 鈕，簡報中的文字清單已轉換為指定的 SmartArt 圖形物件樣式囉！

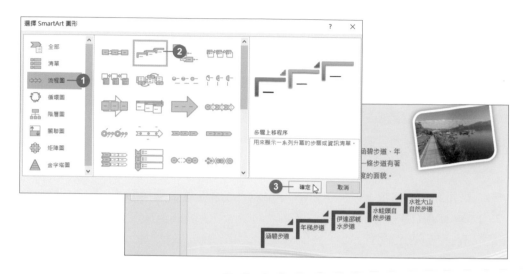

插入 SmartArt 圖形

接著看看另一種 SmartArt 圖形的方法：

01 切換至第三張投影片，選按投影片右側 **插入 SmartArt 圖形** 鈕開啟對話方塊。

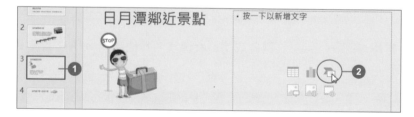

02 選按 **圖片 \ 彎曲圖片半透明文字**，按 **確定** 鈕。

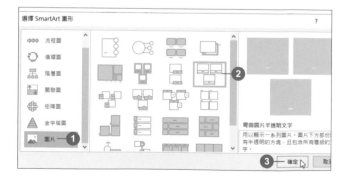

03 投影片中央出現一 **彎曲圖片半透明文字 SmartArt 圖形**。

04 依相同方式，切換至第四張投影片，插入一 **流程圖 \ 基本彎曲流程圖** **SmartArt** 圖形。

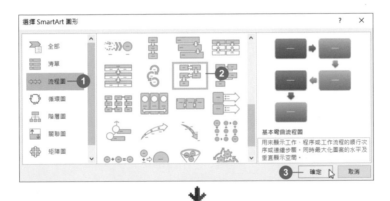

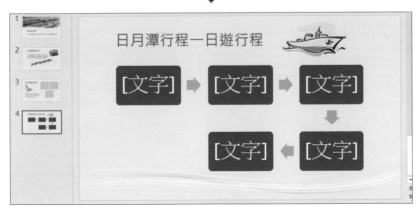

新增圖案

SmartArt 圖形可由文字窗格或 **SmartArt 工具** 中新增圖案，於文字窗格新增的圖案會沿續前面的文字格式產生新圖案，但於 **SmartArt 工具** 新增的圖案是以預設文字格式產生，接下來要示範如何新增圖案。

01 切換至第三張投影片，在選取整個 SmartArt 圖形狀態下，於 **SmartArt 工具 \ 設計** 索引標籤選按二下 **新增圖案**。

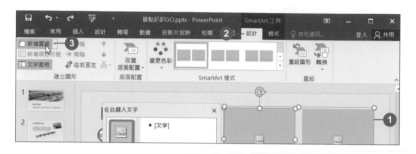

02 即會新增二個圖案，共五個圖案。

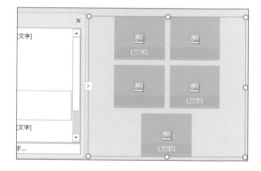

03 依相同方式，切換至第四張投影片，新增六個圖案，總共十一個圖案。

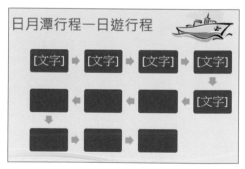

T I P S

刪除圖案

若是要刪除圖案時，可選取要刪除的圖案，再按 Del 鍵即可。

9.3 輸入與調整內容文字

為流程、循環、階層...等類型 SmartArt 圖形加入文字，吸引觀眾瀏覽所呈現的簡報內容，輕鬆把單板的文字圖像化。

將文字新增到 SmartArt 圖形中

01 切換第三張投影片，在選取整個 SmartArt 圖形狀態下，於圖框左側按鈕按一下，開啟 SmartArt 圖形的文字窗格。

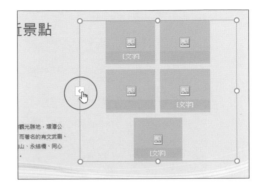

02 開啟範例原始檔 <景點相關文字.txt> 選取要複製的相關文字，按 Ctrl + C 鍵，回到 PowerPoint 的第三張投影片，於文字窗格第一層按一下滑鼠左鍵，按 Ctrl + V 鍵將剛才複製的文字貼上。

03 依相同方式，將 <景點相關文字.txt> 所屬文字一一貼入文字窗格的第二層至第五層。

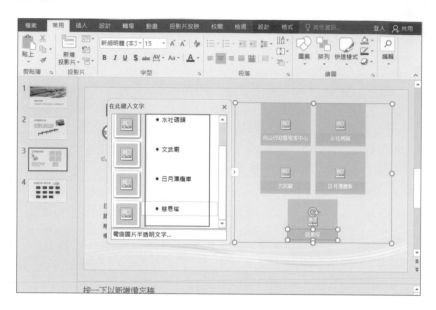

04 切換至第四張投影片，在選取整個 SmartArt 圖形狀態下，於文字窗格第一層按一下滑鼠左鍵，依序貼入 <景點相關文字.txt> 的所屬文字。

文字格式的調整

輸入好文字後，要進行文字格式的編修囉！

01 切換至第二張投影片，在選取整個 SmartArt 圖形狀態下，於 **常用** 索引標籤
設定 **字型：微軟正黑體、字型大小：22 pt**。

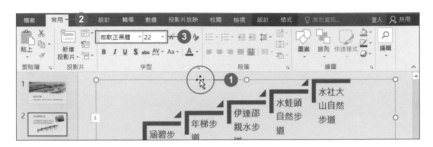

02 切換至第三張投影片，在選取整個 SmartArt 圖形狀態下，於 **常用** 索引標籤
設定 **字型：微軟正黑體、字型大小：14 pt**。

03 切換至第四張投影片，在選取整個 SmartArt 圖形狀態下，於 **常用** 索引標籤
設定 **字型：微軟正黑體、字型大小：25 pt**。

9.4 調整 SmartArt 圖形格式

為了配合投影片的內容，要為各別 SmartArt 圖形調整合適的大小、位置與圖案，並加入圖片。

調整 SmartArt 圖形大小與位置

01 切換至第二張投影片，在選取整個 SmartArt 圖形狀態下，於 **SmartArt 工具 \ 格式** 索引標籤設定 **高度**：「10 公分」、**寬度**：「30 公分」。

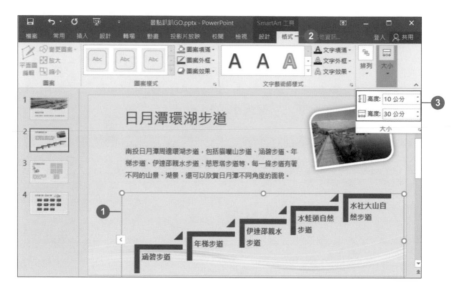

02 在選取整個 SmartArt 圖形狀態下，將滑鼠指標移至其範圍框上呈 ✛ 時，按滑鼠左鍵不放拖曳調整 SmartArt 圖形的位置。

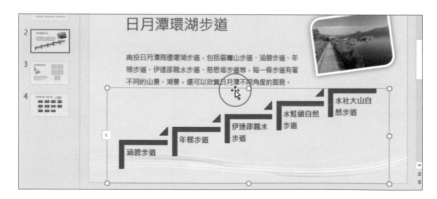

03 切換至第三張投影片,在選取整個 SmartArt 圖形狀態下,於 **SmartArt 工具 \ 格式** 索引標籤設定 **高度**:「16 公分」、**寬度**:「18 公分」,將滑鼠指標移至其範圍框上呈 時,按滑鼠左鍵不放拖曳調整 SmartArt 圖形位置。

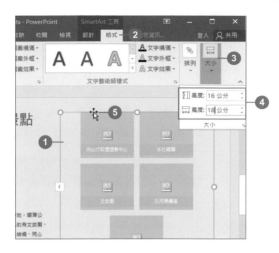

04 切換至第四張投影片,在選取整個 SmartArt 圖形狀態下,於 **SmartArt 工具 \ 格式** 索引標籤設定 **高度**:「13 公分」、**寬度**:「25 公分」

05 在選取整個 SmartArt 圖形狀態下,將滑鼠指標移至其範圍框上呈 時,按滑鼠左鍵不放拖曳調整 SmartArt 圖形的位置。

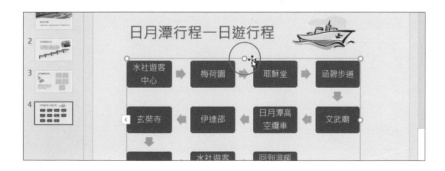

調整圖案大小與位置

為了讓 SmartArt 圖片配置區的圖檔呈現能大一些，這時需要個別調整該圖案至合適大小。

01 切換至第三張投影片，按 [Shift] 鍵不放，一一選取五個矩形圖案，於 **SmartArt 工具 \ 格式** 索引標籤設定 **寬度**：「8 公分」。

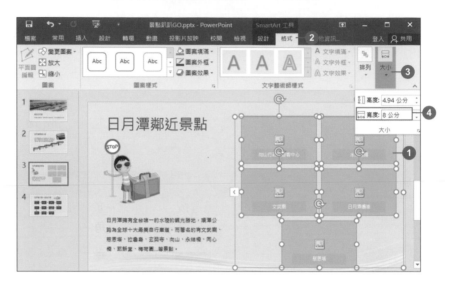

02 於空白處按一下滑鼠左鍵取消選取，接著按 [Shift] 鍵不放，一一選取 SmartArt 圖形中的五個文字矩形圖案，於 **SmartArt 工具 \ 格式** 索引標籤設定 **寬度**：「8 公分」。

變更圖案

SmartArt 圖形由多個圖案與文字方塊所組成,如果不喜歡預設的圖案,也可以快速
以其他圖案取代。

01 切換至第三張投影片,按 [Shift] 鍵不放,一一選取五個矩形圖案。

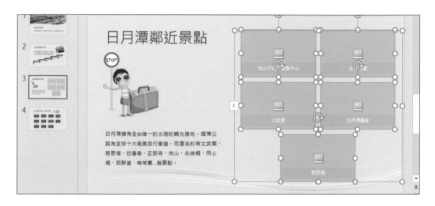

02 於 **SmartArt 工具 \ 格式** 索引標籤選按 **變更圖案**,於清單中選取合適的圖
案,即可馬上變更想要的圖案。(此範例選按 **圓角化對角線角落矩形**)

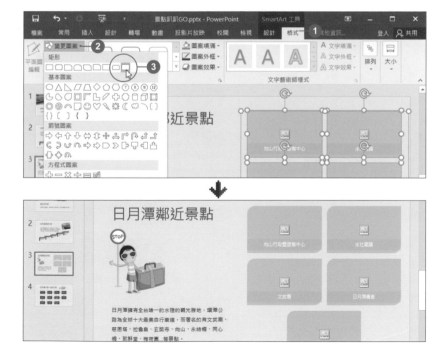

SmartArt 圖形加入圖片

第三張投影片所插入的 **彎曲圖片半透明文字** SmartArt 圖形，在清單的版面配置中已預先設計好圖片擺放的配置區，只要輕鬆指定要加入圖片，不需調整大小，圖片會自動依該配置區的設計調整。

01 切換至第三張投影片，在第一個圖片配置區按 🖾 開啟 **插入圖片** 視窗，於 **從檔案** 項目右側按 **瀏覽** (或 **從檔案**)。

02 於對話方塊選取範例原始檔 <photo> 資料夾中 <09-001.jpg> 圖檔，按 **插入** 鈕。

03 依相同方式，分別插入範例原始檔 <photo> 資料夾中的其他四個圖檔。

9.5 美化 SmartArt 圖形

目前作品中的色彩讓 SmartArt 圖形顯得較為單調，且預設圖形設計較為平面，使用 SmartArt 工具的設計功能可以加強視覺上的效果。

變更色彩

01 切換至第二張投影片，在選取整個 SmartArt 圖形狀態下，於 **SmartArt 工具 \ 設計** 索引標籤選按 **變更色彩**，於清單中選按合適的色彩樣式套用。(此範例套用 **彩色 - 輔色**)

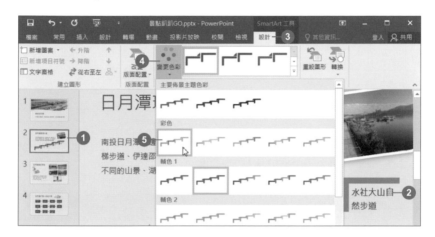

02 依相同方式，切換至第三張投影片，在選取整個 SmartArt 圖形狀態下，於 **SmartArt 工具 \ 設計** 索引標籤選按 **變更色彩**，於清單中選按合適的色彩樣式套用。(此範例套用 **漸層循環 - 輔色 1**)

03 依相同方式，切換至第四張投影片，在選取整個 SmartArt 圖形狀態下，於 **SmartArt 工具 \ 設計** 索引標籤選按 **變更色彩**，於清單中選按合適的色彩樣式套用。(此範例套用 **彩色範圍 - 輔色 4 至 5**)

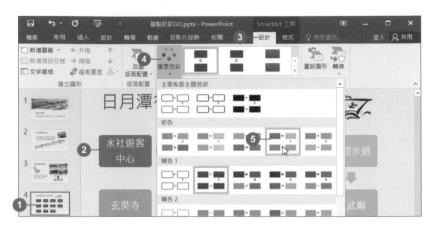

變更 SmartArt 樣式

01 切換至第二張投影片，在選取整個 SmartArt 圖形狀態下，於 **SmartArt 工具 \ 設計** 索引標籤選按 **SmartArt 樣式-其他**。

02 於清單中選按合適的視覺樣式套用。(此範例套用 **鮮明效果**)

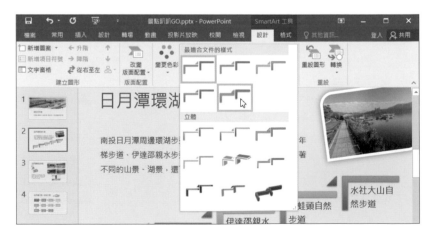

03 套用文字藝術師文字效果：在選取整個 SmartArt 圖形狀態下，於 **SmartArt 工具 \ 格式** 索引標籤選按 **文字藝術師樣式-其他**，於清單中選按合適的樣式套用。(此範例套用 **填滿 - 白色, 外框 - 輔色 1,光暈 - 輔色 1**)

04 依相同方式，切換至第四張投影片，在選取整個 SmartArt 圖形狀態下，於 **SmartArt 工具 \ 設計** 索引標籤選按 **SmartArt 樣式-其他**，於清單中選按合適的視覺樣式套用。(此範例套用 **內凹**)

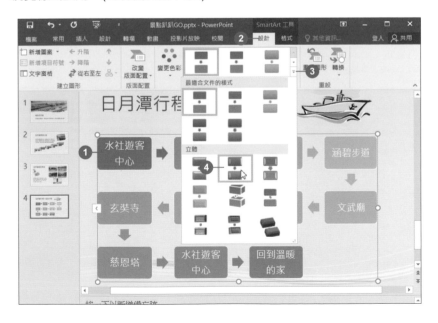

將 SmartArt 圖形儲存成圖片

如果您希望該簡報檔可儲存為舊版的 *.ppt 格式，但又能擁有 SmartArt 圖形時，可以將製作好的 SmartArt 圖形另存成圖片檔，再以圖片方式插入簡報中。

01 於 SmartArt 範圍框空白處按一下滑鼠右鍵，選按 **另存成圖片**，開啟對話方塊。

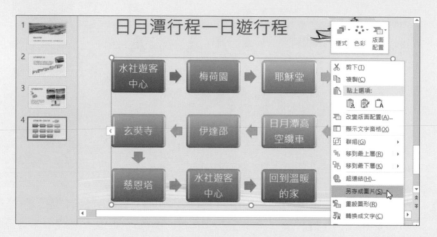

02 選按檔案儲存位置，設定存檔類型，按 **儲存** 鈕完成設定。

於 **存檔類型** 清單中 PNG 檔案格式會有透明背景的效果，而 JPG 檔案格式為較常使用的圖片檔格式。

為 SmartArt 圖形套用動畫效果

9.6

加上炫麗動畫效果的 SmartArt 圖形會讓簡報更搶眼，您可以設定動畫效果一次展現整個 SmartArt 圖形，或依層級一個一個圖案物件往下播放。

01 切換至第二張投影片，在選取整個 SmartArt 圖形狀態下，於 **動畫** 索引標籤選按 **動畫-其他**，清單中選按合適的動畫效果套用。(此範例套用 **進入 \ 漂浮進入**)

02 當 SmartArt 圖形套用上動畫效果時，預設會以 **整體** 的模式呈現，這裡可稍加調整一下，讓其動畫效果更加活潑生動。於 **動畫** 索引標籤選按 **效果選項 \ 一個接一個**，讓 SmartArt 圖形可以一個接一個往上浮動。

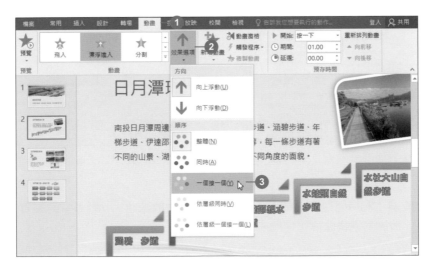

03 依相同方式，為第三、四張投影片 SmartArt 圖形套用動畫效果。(套用動畫的詳細操作方式，可參考 ch04 的說明)

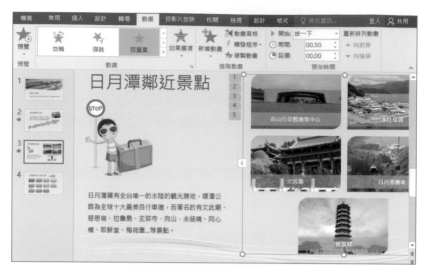

▲ 第三張投影片：於 **動畫** 索引標籤設定 **百葉窗** 進入動畫效果，並設定 **效果選項** 為 **方向：水平、順序：一個接一個**。

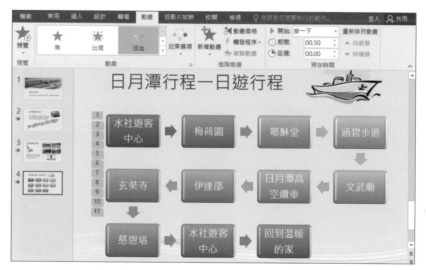

▲ 第四張投影片：於 **動畫** 索引標籤設定 **淡出** (或 **淡化**) 進入動畫效果，並設定 **效果選項** 為 **順序：一個接一個**。

04 完成囉！記得儲存作品檔案，最後於 **投影片放映** 索引標籤選按 **從首張投影片**，放映並觀賞此簡報作品。

實作題

請依如下提示完成「旅遊人數統計」作品。

1. 開啟延伸練習原始檔 <旅遊人數統計.pptx>，切換至第二張投影片，選按投影片中央 **插入 SmartArt 圖形** 鈕，選擇 **圖片\水平圖片清單**。

2. 切換至第三張投影片，選按投影片左側 **插入 SmartArt 圖形** 鈕，選擇 **清單\群組清單**。

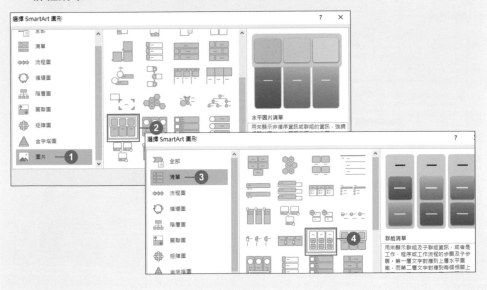

3. 切換至第二張投影片，在選取整個 SmartArt 圖形狀態下，於 **SmartArt 工具 \ 設計** 索引標籤選按四下 **新增圖案**，即新增四個圖案，共七個圖片清單圖案。

4. 切換至第三張投影片，選取最右側 SmartArt 圖案，按三下 Del 鍵刪除，只剩二個清單圖案。

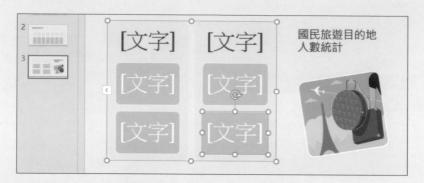

5. 接著選取左側淺綠底色文字圖案，於 **SmartArt 工具 \ 設計** 索引標籤選按五下 **新增圖案**，即新增五個圖案，共七個清單圖案。

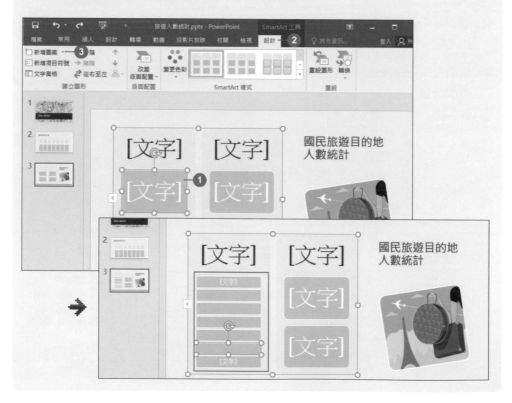

6. 依相同方式，選取右側淺綠底色文字圖案，於 **SmartArt 工具 \ 設計** 索引標籤選按五下 **新增圖案**，即新增五個圖案，共七個清單圖案。

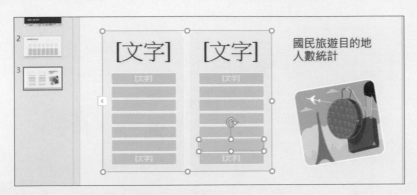

7. 分別選取第二、三張投影片的 SmarArt 圖形，開啟文字窗格，貼上延伸練習原始檔 <旅遊人數相關文字.txt> 內的相關文字。

8. 分別選取第二、三張投影片的 SmarArt 圖形，於 **常用** 索引標籤設定 **字型：微軟正黑體**。

9. 切換至第二張投影片，在 SmartArt 圖形的版面配置中已預先設計好的圖片擺放位置，由左至右，於 **插入圖片** 視窗分別在 **線上圖片** 輸入關鍵字搜尋「歐洲」、「日本」、「韓國」、「新加坡」、「馬來西亞」、「香港」、「澳門」的相關圖案並插入。

10. 分別選取第二、三張投影片的 SmarArt 圖形，於 **SmartArt 工具 \ 設計** 索引標籤設定合適的色彩和 SmartArt 視覺樣式套用。

11. 分別選取第二、三張投影片的 SmarArt 圖形，於 **SmartArt 工具 \ 格式** 索引標籤設定合適的高度與寬度，並調整合適的位置擺放。

▲ 第二張投影片：套用 **彩色 - 輔色** 色彩、**內凹** 視覺樣式，調整 **高度**：「13公分」、**寬度**：「30 公分」。

▲ 第三張投影片：套用 **彩色範圍 - 輔色 4至 5 色彩**、**內凹** 視覺樣式，調整 **高度**：「13 公分」、**寬度**：「20 公分」。

12. 切換至第二張投影片，選取 SmartArt 圖形後，於 **動畫** 索引標籤設定合適動畫項目套用 (此範例套用 **淡出** (或 **淡化**) 進入動畫)，並設定 **效果選項 \ 一個接一個**。

13. 切換至第三張投影片，選取 SmartArt 圖形後，於 **動畫** 索引標籤設定合適動畫項目套用 (此範例套用 **擦去** 進入動畫)，並設定 **效果選項 \ 自上、一個接一個**，完成此簡報作品。

10

單車生活簡報
表格與圖表的運用

設計原則

表格欄寬與列高・項目符號

統計圖表・圖表設計

「單車生活」簡報主要學習如何利用表格來整合資料，以圖像化方式顯示圖表的數據，為簡報增添多樣化的視覺效果。

- 表格設計原則
- 表格製作
- 插入表格與輸入文字
- 調整表格欄寬與列高
- 美化表格外觀
- 加入項目符號
- 調整表格位置與文字
- 圖表設計原則
- 插入與編修圖表
- 新增座標軸標題
- 美化圖表

原始檔：<本書範例 \ ch10 \ 原始檔 \ 單車生活.pptx>
完成檔：<本書範例 \ ch10 \ 完成檔 \ 單車生活.pptx>

表格設計原則

10.1

表格提供文字一定的格式規範，讓簡報內容不僅可以清楚明瞭，更方便瀏覽者快速閱讀或找尋資料，在使用之前先了解其特性，才能建立出合適又滿意的表格。(範例完成檔 <設計原則.pptx>)

例 1：選擇合適的顯示字數與樣式 (參考第一、二張投影片)

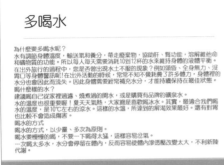

✘ 簡報中太過擁擠的文字，會造成瀏覽者閱讀上的負擔。

○ 使用表格與項目符號來輸入合適大小的重點文字，讓整體內容賞心悅目。

例 2：利用色塊區隔內容 (參考第三、四張投影片)

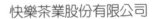

✘ 常見白底黑字的表格顯示方式，雖然清楚卻顯單調。

○ 適當調整文字樣式，並在表格上使用不同色塊的顯示，能鎖定瀏覽者目光，並突顯設計者的專業與貼心。

表格製作與編修美化

10.2

PowerPoint 中有多種加入表格的方法，除了可以自己 DIY 設計，還可以運用加入物件的方式完成一份擁有表格的簡報作品。

插入表格

01 開啟範例原始檔 <單車生活.pptx>，切換至第三張投影片，選按投影片中央的 **插入表格** 鈕開啟對話方塊，設定 **欄數**：「3」、**列數**：「5」，按 **確定** 鈕插入表格。

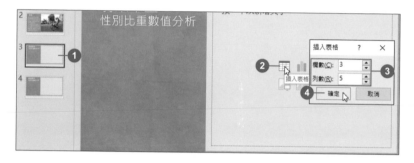

02 開啟範例原始檔 <單車生活相關文字.txt> 檔案，複製相關文字至表格中如圖的位置貼上。

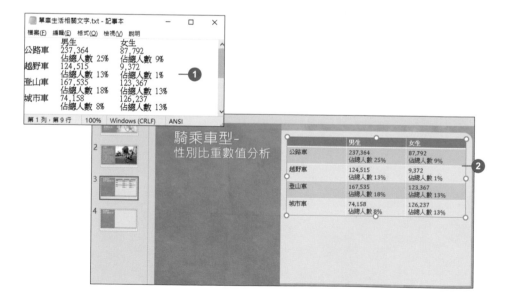

調整表格欄寬、列高與大小

01 將滑鼠指標移至表格第一列框線上呈 ÷ ，按滑鼠左鍵不放，往下拖曳調整第一列的列高。

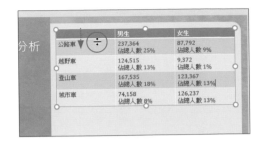

02 將滑鼠指標分別移至第一、二欄框線上，呈 ↔ 時，按滑鼠左鍵不放，往左拖曳調整第一、二欄的欄寬。

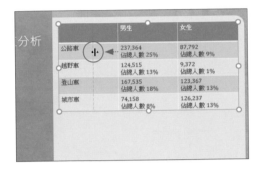 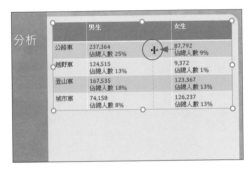

03 將滑鼠指標移至表格物件上呈 ⁜ 時，按一下滑鼠左鍵選取整個表格，於 **表格工具 \ 版面配置** 設定 **高度**：「 **14.8 公分** 」、**寬度**：「 **19 公分** 」，調整整個表格的大小。

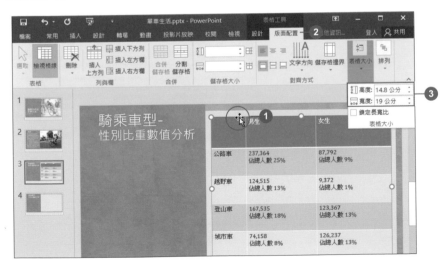

美化表格外觀

01 調整好表格欄寬與列高後，現在要為表格設計更出色的視覺效果，在選取表格的狀態下，於 **表格工具 \ 設計** 索引標籤選按 **表格樣式-其他**。

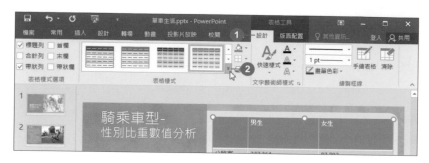

02 於清單中選按合適的表格樣式套用。(此範例套用 **中等深淺樣式 2 - 輔色 3**)

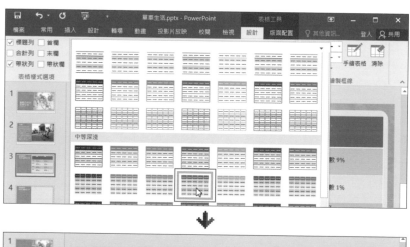

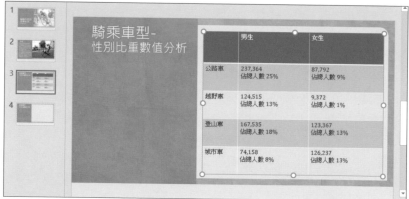

加入項目符號

01 選取表格 「男生」、「女生」下方四種車型內容。

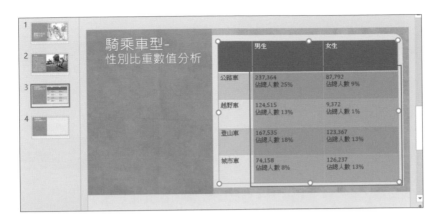

02 於 **常用** 索引標籤選按 **項目符號** 清單鈕＼**粗框空心方塊項目符號**。

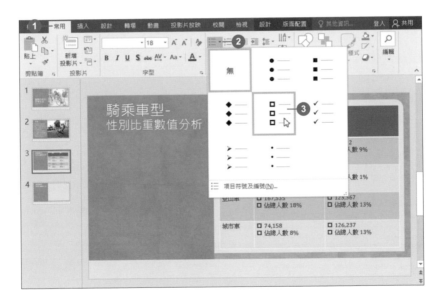

調整表格文字與位置

01 在選取表格的狀態下,設定表格文字對齊方式,於 **表格工具 \ 版面配置** 索引標籤選按 **垂直置中**。

02 選取車種名稱,於 **表格工具 \ 版面配置** 索引標籤選按 **置中**。

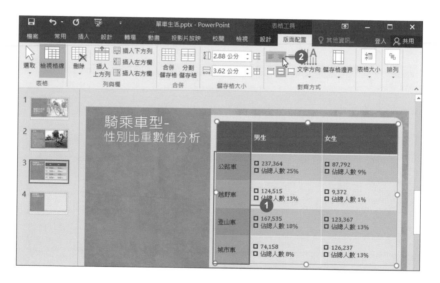

03 將滑鼠指標移至表格上,呈 時,按滑鼠左鍵不放拖曳,可調整表格至適當位置擺放。

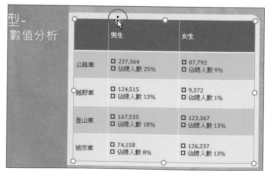

10.3 圖表設計原則

圖表往往勝過複雜的文字、數值，一份好的圖表對簡報有加分的效果，其主要目的在於協助您將簡報內容以圖案的方式傳遞給閱讀者。

在製作圖表前需先思考手頭上簡報資料內容的重點與方向，例如：是要表現年度銷售量的變化、每個月數量的比率還是不同年度同項目的價格比較...等，這樣的思考方向主要可分為「數量」、「變化」與「比較」三大原則。

「數量」是指數量的總合、比率、平均...等的差異性，「變化」是指在某段時間內的值或項目的變化；而「比較」則是著重在不同項目間數量的差異。判斷出圖表正確的方向後才能選取合適的圖表類型，圖表設計也更有效率。

在此以下方簡單的分析圖示讓您更容易了解：

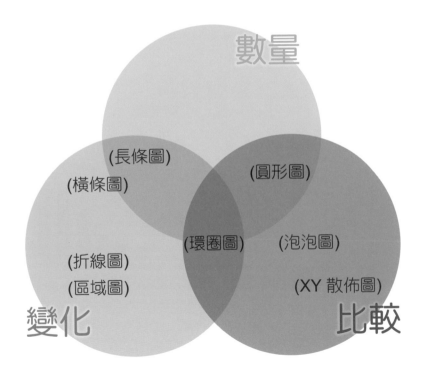

圖表的類型有許多，然而選擇上還是需要斟酌主題所要表達的內容，這樣才能發揮圖表最大功效。(範例完成檔 <設計原則.pptx>)

例 1：合適的刻度間距 (參考第五、六張投影片)

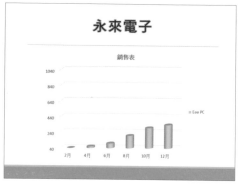

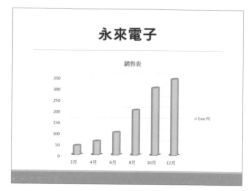

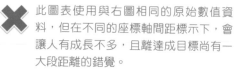 此圖表使用與右圖相同的原始數值資料，但在不同的座標軸間距標示下，會讓人有成長不多，且離達成目標尚有一大段距離的錯覺。

○ 使用合適的座標軸與間距，讓觀看者能一目瞭然其趨勢。

例 2：利用色塊來區隔內容 (參考第六、七張投影片)

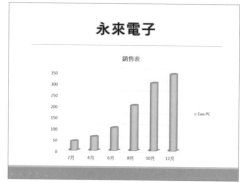

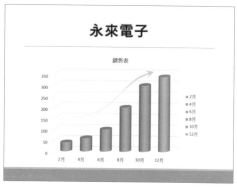

 此為一般預設的圖表。

○ 加上色彩與圖表的標註後，能鎖住觀看者的目光。

例 3：選擇合適的圖表類型 (請參考第八、九張投影片)

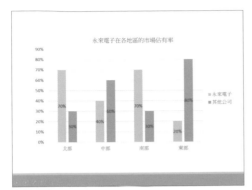

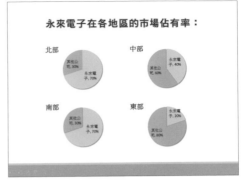

✘ 問題 1：直條圖較不適合表現項目對比關係，無法清楚看出同一地區永來電子與其他公司的佔有率對比。

問題 2：水平與垂直座標軸沒有加上文字標題，閱讀者無法明白所要表達的意思。

◯ 優點 1：分別用四個圓形圖表示，佔有率對比一目瞭然，清楚的由圖表了解目前各地區佔有率的對比關係。

優點 2：圓形圖中的資料標籤是一項重要設定，如圖 類別名稱 與 值 資料標籤的標示，讓圖表簡單易懂。

優點 3：使用四個圓形圖表示，但各數列的代表色彩要統一，才不會造成圖表閱讀上的困擾。

例 4：關於圖表上標示的資訊與數值 (參考第十、九張投影片)

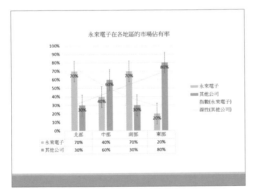

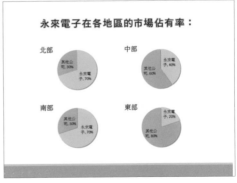

✘ 過於詳盡的細節資訊，會干擾觀看者的理解力。

◯ 清爽且分門別類的報表，能讓閱讀者快速進入狀況。

10.4 圖表製作與編修美化

PowerPoint 中可藉由 Excel 繪製統計圖表，一份好的統計圖表除了可展示收集的資料，更可讓數據得以圖像化，也使資料變得一清二楚。

插入圖表

01 切換至第四張投影片，選按投影片中央的 **插入圖表** 鈕，開啟對話方塊。

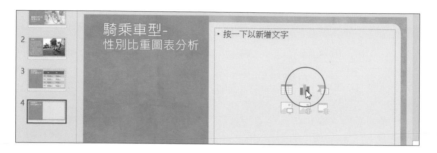

02 選按 **分欄符號 \ 立體群組直條圖**，再按 **確定** 鈕。(或 **直條圖 \ 立體群組直條圖**)

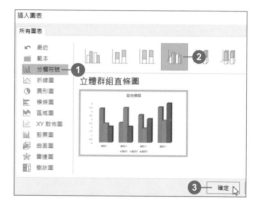

03 此時 PowerPoint 會開啟 **Microsoft PowerPoint 的圖表** 視窗，於資料工作表中會看到四筆預設的資料。

如果您所輸入的圖表資料必須使用 Excel 編修，於圖表視窗工具列選按 **在 Microsoft Excel 中編輯資料** 鈕，即可開啟 Excel 軟體。

	A	B	C	D	E	F
1		數列 1	數列 2	數列 3		
2	類別 1	4.3	2.4	2		
3	類別 2	2.5	4.4	2		
4	類別 3	3.5	1.8	3		
5	類別 4	4.5	2.8	5		

編修圖表資料

01 於範例原始檔 <單車生活相關文字.txt> 檔案,複製相關文字至工作表中如圖的位置貼上,更改工作表中的資料。

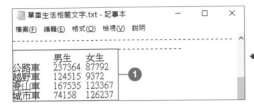

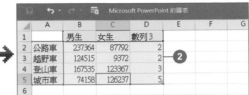

02 接著將滑鼠指標移至該欄位置呈 ↓ 時,按一下滑鼠左鍵選取整欄,再按一下滑鼠右鍵選按 **刪除**,刪除該筆欄位資料。

03 按圖表視窗右上角 ⊠ **關閉** 鈕回到投影片,在 PowerPoint 中產生如右圖的統計圖。

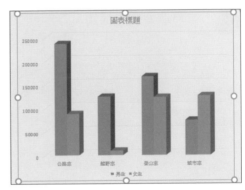

TIPS

編修 Excel 圖表資料

當您關閉 Microsoft PowerPoint 輔助圖表後,要再次開啟時,可以選取圖表物件後,於 **圖表工具 \ 設計** 索引標籤選按 **編輯資料 \ 編輯資料** 即可。

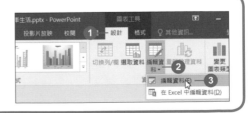

新增座標軸標題

座標軸的文字標示可讓圖表數據資料所代表的內容一目瞭然。

01 在選取圖表的狀態下，選按 ⊞ **圖表項目** 鈕 \ **座標軸標題** 右側 ▶ 圖示，只核
選 **主垂直** 即可。

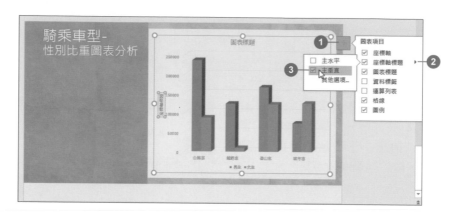

02 於垂直軸新增標題上方按一下滑鼠左鍵，刪除原本文字後，輸入「人口
數」，再於 **常用** 索引標籤選按 **文字方向 \ 垂直**。

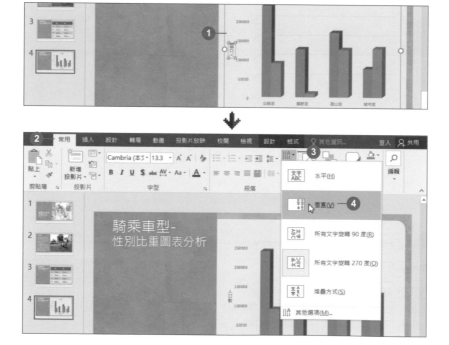

03 接著再於圖表標題上方按一下滑鼠左鍵，刪除原本文字後再輸入「男女騎乘車型圖表分析」。

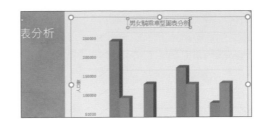

格式化圖例

預設的圖例是顯示於圖表下方，可以依需求調整到合適位置，現在要讓它擺放至上方，讓圖表重心看起來比較平均。

01 在選取圖表的狀態下，選按 ⊞ **圖表項目** 鈕 \ **圖例** 右側 ▶ 圖示 \ **上**。

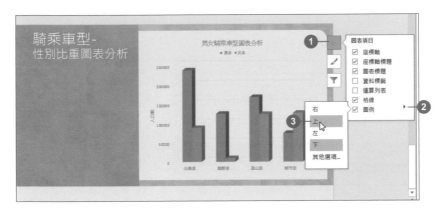

02 在選取圖表的狀態下，於 **圖表工具 \ 格式** 索引標籤設定 **高度**：「16 公分」、**寬度**：「20 公分」，並拖曳至適當位置擺放。

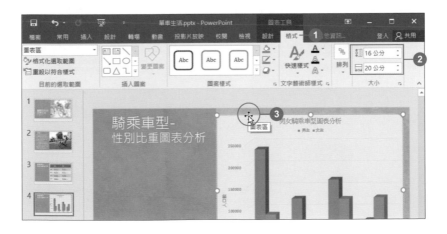

美化圖表

PowerPoint 為圖表內建了許多設計好的樣式 (可調整圖表的框線、背景、色彩...等)，快速改變圖表的整體外觀。

01 在選取圖表的狀態下，選按 ☑ **圖表樣式** 鈕，於 **樣式** 清單中選擇合適的樣式套用。(此例套用 **樣式 2**)

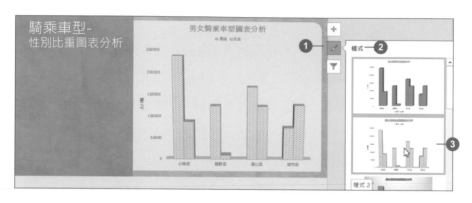

02 接著再於 **色彩** 清單中選擇合適的色彩套用。(此例套用 **彩色 \ 色彩 2** (或 **色彩豐富的調色盤2**))

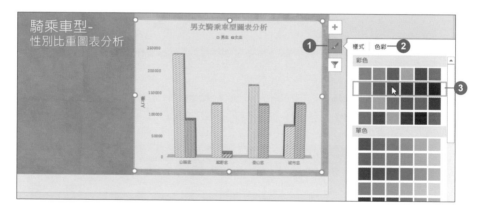

調整圖表文字格式

01 在選取圖表的狀態下，於 **常用** 索引標籤設定 **字型：微軟正黑體、字型色彩：黑色**，調整圖表中的文字格式。

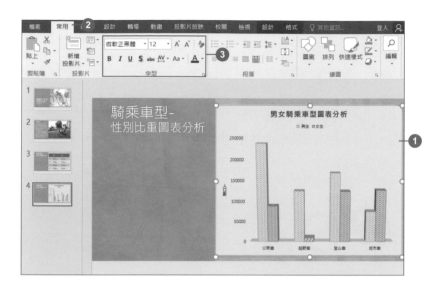

02 選取圖表中垂直軸文字方塊，於 **常用** 索引標籤設定 **字型大小：15 pt**、**粗體**。

03 分別再選取圖表中水平座標軸與圖例的文字方塊，於 **常用** 索引標籤設定 **字型大小：15 pt**。

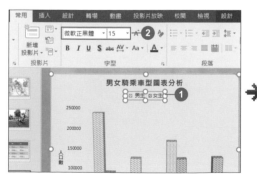
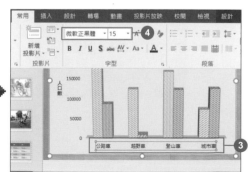

加入美工圖案

範例的最後，要為第三與第四張投影片加入美工圖案，讓此份簡報顯得更加完美！

01 切換至第三張投影片，於 **插入** 索引標籤選按 **線上圖案** (或 **圖片 \ 線上圖片**)，在視窗搜尋欄位輸入「bike」搜尋並插入圖片，縮放調整大小與擺放至合適的位置。

02 切換至第四張投影片，於 **插入** 索引標籤選按 **線上圖案** (或 **圖片 \ 線上圖片**)，在視窗搜尋欄位輸入「bike」，分別搜尋四張圖片插入，設定合適的圖片樣式，縮放調整大小與擺放至合適的位置。

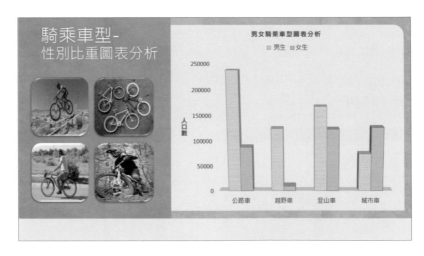

實作題

請依如下提示完成「清酒介紹」簡報作品。

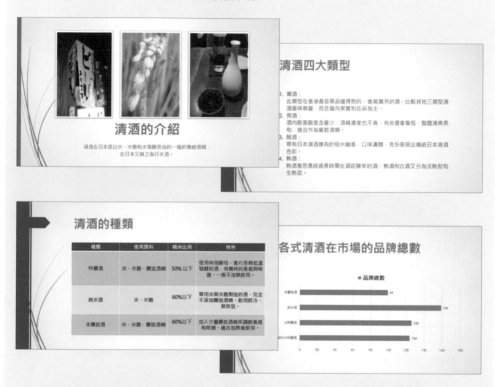

1. 開啟延伸練習原始檔 <清酒介紹.pptx>，於第三張投影片，選按投影片中央
   插入表格 鈕，插入四欄四列表格，接著開啟延伸練習原始檔 <清酒介紹相關
   文字.txt> 並貼入相關文字。

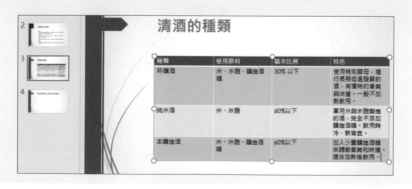

2. 選取全部表格文字，於 **常用** 索引標籤設定 **字型：微軟正黑體、字型大小：18 pt**，再分別選取表格標題文字與文字設定 **垂直置中** 與 **置中** 對齊方式。

3. 利用滑鼠拖曳方式，調整表格欄寬，接著於 **表格工具 \ 版面配置** 索引標籤設定表格寬度與高度，再將整個表格拖曳至合適的位置擺放。

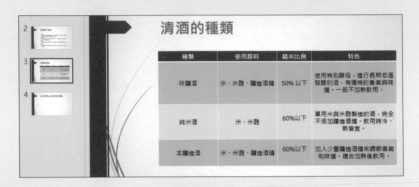

4. 於第四張投影片，選按投影片 **插入圖表** 鈕，插入 **橫條圖 \ 群組橫條圖**。

5. 參考下圖為清酒品牌總數填入新的資料，完成如下橫條圖。

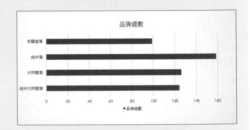

6. 選按 ⊞ **圖表項目** 鈕，於清單中取消核選 **圖表標題**，再核選 **資料標籤**，接著選按 ∕ **圖表樣式** 鈕，於 **色彩** 清單中選擇合適的樣式色彩套用。

7. 在選取圖表的狀態下，於 **圖表工具 \ 設計** 索引標籤選按 ⊞ **圖表項目** 鈕 \ **圖例** 右側 ▶ 圖示 \ **上**，將圖例移至圖表上方。

8. 最後於 **常用** 索引標籤設定圖例文字格式 **字型大小：20 pt**，完成後調整圖表並擺放至合適的位置。

11

鼓舞節簡報
多媒體與音訊

插入音訊

編輯與剪輯・音訊播放方式

錄製聲音檔・插入視訊

變化視訊影片的色調與亮度對比

靜態的簡報敘述，較為平淡且無法吸引人，試著加入音樂和影片，不但可以吸引眾人的目光，更可讓簡報創造出無限驚奇。

- ➕ 插入外部音訊
- ➕ 剪輯音訊
- ➕ 設定音訊的播放方式
- ➕ 跨投影片播放音訊
- ➕ 錄製聲音
- ➕ 插入視訊檔

- ➕ 設定視訊影片播放方式
- ➕ 剪輯視訊
- ➕ 設定視訊影片的起始畫面
- ➕ 為視訊影片套用邊框樣式
- ➕ 變化視訊影片的色調與亮度對比
- ➕ 視訊影片全螢幕播放

原始檔：<本書範例 \ ch11 \ 原始檔 \ 鼓舞節.txt>
完成檔：<本書範例 \ ch11 \ 完成檔 \ 鼓舞節.pptx>

11.1 插入外部音訊

簡報製作中，加入音訊特效最能吸引瀏覽者的注意力，在這一節，將學習如何插入音訊至投影片。

相容的音訊檔案格式

PowerPoint 所支援的音訊檔案格式：一般常見的有 MIDI 檔 (.mid 或 .midi)、MP3 音訊檔 (.mp3)、Windows 音訊檔 (.wav)、Windows Media 音訊檔 (.wma)。另外如有安裝正確的轉碼器，其他如 AIFF 音訊檔 (.aiff)、AU 音訊檔 (.au)、以及 MP4 及 AAC 檔案格式...等均支援。

音訊檔大小上限

插入媒體檔案時，PowerPoint 較舊版本有容量 (檔案大小) 限制，大於限制的容量會以連結方式處理，小於限制的容量則可以直接內嵌投影片中。

PowerPoint 2016 / 2019 則可以選擇內嵌或連結的方式插入媒體檔案且沒有容量限制。內嵌雖然可以讓媒體檔案在簡報播放時較為流暢，但檔案大小也會變得比較大；而連結媒體檔案相對檔案變小，但必須將媒體檔案與簡報檔放在同一資料夾中，避免搬移時產生連結不到的情況。

插入音訊檔

01 開啟範例原始檔 <鼓舞節.pptx> 切換至第二張投影片，於 **插入** 索引標籤選按 **音訊 \ 我個人電腦上的音訊** 開啟對話方塊。

02 選取範例原始檔 <music.mp3> 直接按 **插入** 鈕，或選按 **插入** 清單鈕 \ **插入**，
會以內嵌方式將音訊檔包含在投影片中。

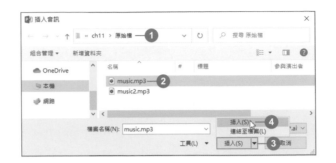

03 插入的音訊檔會以音訊圖示的方式出現在投影片中，請複製該音訊圖示產生
另一個音訊圖示，並分別拖曳至如圖位置擺放。

04 切換至第一張投影片，以相同的方法插入範例原始檔 <music2.mp3>，並
移至投影片中合適的位置擺放。

11.2 編輯音訊

如果只想擷取音訊檔部分片斷，剪輯音訊中不想要的聲音；或者想要縮短音訊，以配合投影片的時間，可運用 **剪輯音訊** 功能修剪音訊檔開頭與結尾的部分。

修剪音訊

01 切換至第一張投影片，先選取要編輯的音訊物件，於 **音訊工具 \ 播放** 索引標籤選按 **剪輯音訊** (或 **修剪音訊**) 開啟對話方塊。

02 設定聲音 **開始時間** 與 **結束時間**，完成後按 **確定** 鈕回到投影片。

綠色標記為音訊開始時間，使用滑鼠指標拖曳即可設定時間，或是使用輸入的方式設定 **開始時間**。

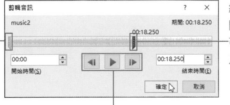

紅色標記為音訊結束時間，使用滑鼠指標拖曳即可設定時間，或是使用輸入的方式設定 **結束時間**。

藉由 **上一個畫面**、**播放** 及 **下一個畫面** 鈕聆聽音訊以決定欲截取的內容。

03 將滑鼠指標移至音訊物件上即會出現播放面板，按 **播放** 鈕即可聆聽剪輯好的音訊。

設定音訊的播放方式

設計簡報常會遇到的問題：要如何設計音樂是自動播放或是按一下播放？如何讓一首背景音樂連續播放至簡報結束？其實只要選取投影片中的音訊物件，運用 **音訊工具＼播放** 索引標籤內的設定，可以調整相關的音訊播放、音量...等。

開始 有三個選項供選擇，**自動**：當投影片播放時，會自動播放音訊；**按一下**：投影片播放時在音訊圖示按一下滑鼠左鍵才會播放；**從按滑鼠順序** (2019 或 2016 更新版本有此選項)：當投影片播放時，按空白鍵、向右或向下方向鍵就可以直接播放。

跨投影片播放：核選後當音訊檔長度較長時，切換至下一張投影片仍會繼續播放。

可設定讓音訊由小變大聲開始播放，或是由大變小聲結束播放。

調整音訊檔的音量

核選後即會循環播放，直到投影片播放完畢為止。

按一下此頁循環播放

01 切換至第一張投影片，選取音訊物件，於 **音訊工具＼播放** 索引標籤設定 **開始：按一下**，播放投影片時需在音訊圖示按一下才播放聲音，並僅於該頁投影片播放一次。

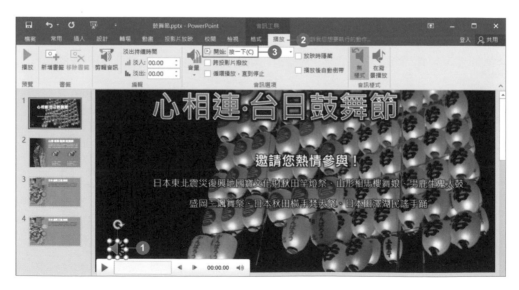

02 接著核選 **循環播放，直到停止**，會讓音訊不斷重複播放，直到按一下滑鼠左鍵，或是切換到下一張投影片後，才會停止播放。

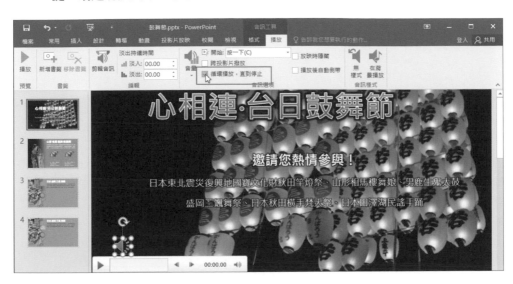

按一下此頁播放多次

01 在選取音訊物件狀態下，於 **動畫** 索引標籤選按 **動畫** 對話方塊啟動器，開啟對話方塊設定進階的播放效果。

於 **效果** 標籤可以設定音訊 **開始播放** 與 **停止播放** 的時間點；於 **預存時間** 標籤可以設定音訊開始方式 (在此設定 **開始：按一下**) 以及音訊 **重複** 播放的次數 (若要播放 3 次請輸入3)，最後按 **確定** 鈕。

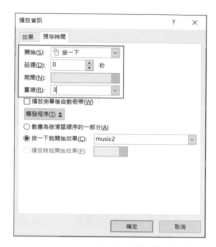

完成囉！別忘了先儲存作品，選按狀態列右側 □ **投影片放映** 鈕觀看投影片，試試看音訊播放的效果。

因為範例中 **開始** 設定為 **按一下**，所以按此鈕可播放音訊，若呈 Ⅱ 狀按下時則為暫停音訊。

TIPS

切換投影片

此作品因為要練習運用滑鼠選按音訊圖示播放聲音的動作，所以已設定在播放時，無法運用按滑鼠的動作切換投影片，需運用 Space 鍵或 ↑、↓ 方向鍵切換投影片。

跨投影片播放音訊

11.3

除了前面一節分享的音訊播放方式，接著要針對 "跨投影片播放"
練習三種常見的背景音樂播放設定。

跨投影片循環播放

設定音訊播放方式為：按一下播放、循環播放、換頁仍繼續播放，播放至最後一張
投影片結束時。

01 切換至第二張投影片，選取左邊音訊物件，於 **音訊工具 \ 播放** 索引標籤設定 **開始：按一下**，核選 **跨投影片撥放** 與 **循環播放，直到停止**。

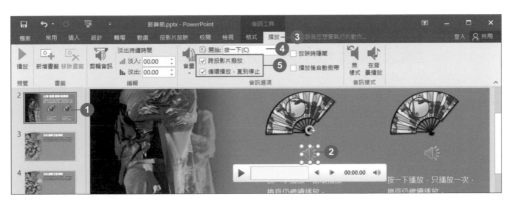

02 完成跨投影片循環播放的音訊播放設定，可選按 投影片放映 鈕觀看投影
片，試試看設定好的播放效果。

TIPS

跨投影片播放的細部設定

當核選 **跨投影片撥放**，可以於 **動畫** 索引
標籤選按 **動畫** 對話方塊啟動器，於 **效果**
標籤 **停止播放** 項目中看到預設會顯示 **在
999 張投影片之後**，意思是指音樂會播放
至 999 張投影片，若是您的簡報作品超過
999 張投影片，可以針對簡報張數設定。

跨投影片播放一次

設定音訊播放方式為：按一下播放、只播放一次、換頁仍繼續播放。

01 選取右邊音訊物件，於 **音訊工具 \ 播放** 索引標籤設定 **開始：按一下**，接著僅核選 **跨投影片撥放**。

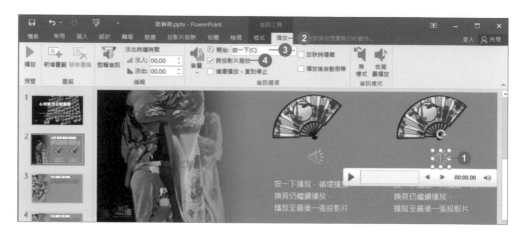

02 完成跨投影片播放一次的音訊播放設定，可選按狀態列右側 🖵 **投影片放映** 鈕觀看投影片，試試看設定好的音訊播放效果。

在背景播放至結束

最常用的背景音樂播放效果，是在投影片一開始放映的同時全程播放樂曲，以加強簡報內容呈現。

設定音樂播放方式為：自動播放、放映時隱藏音訊物件、換頁仍繼續播放，播放至最後一張投影片結束時。

01 切換至第一張投影片，選取音訊物件，於 **音訊工具 \ 播放** 索引標籤選按 **在背景播放**。

02 為了讓背景音樂於進入簡報與循環播放的過程中，接續播放的更為自然，可
為音訊加上 **淡入** 與 **淡出** 的效果。於 **音訊工具 \ 播放** 索引標籤設定 **淡入**：
「02.00」、**淡出**：「04.00」、**音量**：**中**。

03 完成在背景播放的音訊播放設定，可選按狀態列右側 🖵 **投影片放映** 鈕觀看投
影片，試試看設定好的音訊播放效果。

11.4 錄製聲音

除了插入音訊檔,還可以錄製投影片所需要的聲音檔 (旁白或說明)。錄製聲音前,先確認喇叭、麥克風...等硬體設備已安裝,並將預先擬定好的講稿放置於一邊,準備錄製。

01 切換至第二張投影片,於 **插入** 索引標籤選按 **音訊 \ 錄音** 開啟對話方塊。

02 按 ● **錄製** 鈕即可開始錄音,完成後按 ■ **停止** 鈕完成錄製動作,選按 ▶ **播放** 鈕即可試聽剛剛錄製的結果,若想重錄可再按 ● **錄製** 鈕,若沒問題按 **確定** 鈕完成錄音。錄音檔自動產生於投影片中,完成錄製的聲音只限放映該張投影片時播放。(此處僅說明操作方法,完成檔中並無錄音)

11.5 插入視訊影片檔

簡報中加入與主題相關的視訊影片，可以讓簡報內容更豐富有趣，PowerPoint 不僅支援常用的影片格式，還提供剪輯的功能，讓影片運用更加靈活，也提供了更多的播放設定。

相容的視訊檔案格式

一般常用的視訊檔案為 Windows (.avi，有些 .avi 檔案可能需要額外加裝轉碼器)、影片檔 (.mpg 或 .mpeg)、Windows Media (.wmv)、MP4 視訊檔案 (.mov, .mp4) 均相容。

插入視訊影片檔

01 切換至第三張投影片，於 **插入** 索引標籤選按 **視訊 \ 我個人電腦上的視訊** 開啟對話方塊。

02 選取開啟範例原始檔 <三颯舞.MP4>，按 **插入** 清單鈕 \ **連結至檔案**，這樣一來會以連結的方式插入影片，簡報作品的檔案也不致於太大。

03 選取視訊影片，拖曳四個角落上的白色控制點，調整至合適大小。再將滑鼠指標移至視訊影片上，呈 ✥ 狀，按滑鼠左鍵不放，拖曳至合適位置。

設定視訊影片播放方式

"視訊影片" 的播放與設定方式跟前面提到的 "音訊" 相似，選取要加以設定的視訊影片後，可運用 **視訊工具 \ 播放** 索引標籤內的設定，進行相關調整：

若希望設計為一進入該投影片就自動播放視訊影片，可於 **視訊工具 \ 播放** 索引標籤設定 **開始：自動**。

剪輯視訊影片

插入的視訊影片太長或部分內容不適合這份簡報時，可直接於 PowerPoint 中修剪，
而不用大費周章的再開啟其他影片剪輯軟體編輯了！

01 選取視訊影片，於 **視訊工具 \ 播放** 索引標籤選按 **剪輯視訊** (或 **修剪視訊**) 開
啟對話方塊。

02 像前面 P11-5 **剪輯音訊** 的方法一樣，在 **剪輯視訊** (或 **修剪視訊**) 對話方塊中拖
曳綠色標記設定 **開始時間** 及拖曳紅色標記設定 **結束時間**，完成後按 **確定** 鈕。

拖曳 **綠色標記** 或是利
用手動輸入方式設定開
始時間。

拖曳 **紅色標記** 或是利
用手動輸入方式設定結
束時間。

設定好 **開始時間** 與 **結
束時間** 後，可利用 **播放**
鈕預覽結果。

設定視訊影片的起始畫面

一般來說，插入的視訊檔案起始畫面都使用影片的第一個畫面，但有時第一個畫面可能一片黑、或是沒那麼精彩的影格，這時可利用 **海報圖文框** 設定影片的起始畫面。

01 選取視訊影片後，利用 **播放** 鈕或是拖曳 **時間軸** 選擇喜愛的畫面。

02 於 **視訊工具 \ 格式** 索引標籤選按 **海報圖文框 \ 目前圖文框** (或 **海報畫面 \ 目前畫面**)。

03 完成後，可以看到影片視訊起始畫面已變成剛剛選擇的畫面。

設定好在播放控制列會出現 **海報圖文框設定** 的文字。

為視訊影片套用邊框樣式

視訊樣式 中除了內建設計，還可以依喜愛的圖形、邊框或效果變化，做出擁有自己風格的外觀。

01 選取視訊影片後，於 **視訊工具 \ 格式** 索引標籤選按 **視訊樣式 - 其他**。

02 於清單中選按合適的視訊樣式。(此範例套用 **中等：剪去對角, 漸層**)

03 完成樣式套用後，視訊影片會擁有外框及樣式的變化，讓整體畫面看起來不會單調無趣。

04 已套用樣式的視訊影片，還可於 **視訊工具 \ 格式** 索引標籤選按 **影像圖形、視訊邊框** 或 **視訊效果**，調整樣式中的各項設計。

變化視訊影片的色調與亮度對比

想讓影片呈現特殊風格，可以利用 **色彩** 變換影片的色調。選取視訊影片後，於 **視訊工具 \ 格式** 索引標籤選按 **色彩**，並在 **重新著色** 清單中選擇喜歡的色彩變化。

若是影片本身拍攝的狀況並不好時，可以利用 **校正** 修正影片的亮度與對比，請於 **視訊工具 \ 格式** 索引標籤選按 **校正**，並於清單中選擇適合的 **亮度/對比** 變化。

視訊影片全螢幕播放

播放投影片時，如果想讓插入的視訊影片呈全螢幕播放，可以運用 **全螢幕播放** 功能，這樣在播放投影片時按一下視訊影片後即會全螢幕播放。

01 切換至第三張投影片，選取剛才插入的視訊影片，按 `Ctrl` + `C` 鍵複製，切換至第四張投影片再按 `Ctrl` + `V` 鍵貼上。

02 於 **視訊工具 \ 播放** 索引標籤核選 **全螢幕播放** 即可完成設定。

03 選按狀態列右側 投影片放映 鈕觀看投影片效果，別忘了先儲存作品。

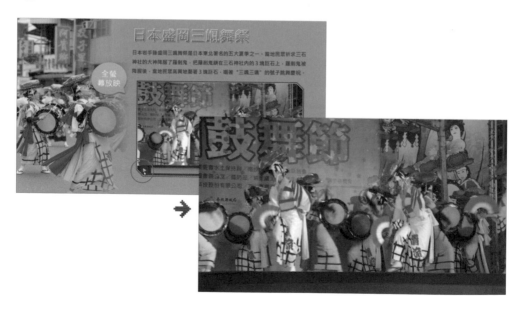

實作題

請依如下提示完成「聖誕節簡報」作品。

1. 開啟延伸練習原始檔 <聖誕節簡報.pptx>，首先開始製作背景音樂，切換至第一張投影片於 **插入** 索引標籤選按 **音訊 \ 我個人電腦上的音訊**，選按 <bell.WAV> 音訊物件後，按 **插入** 鈕。

2. 將音訊圖示擺放至合適位置上，於 **音訊工具 \ 播放** 索引標籤選按 **在背景播放**。

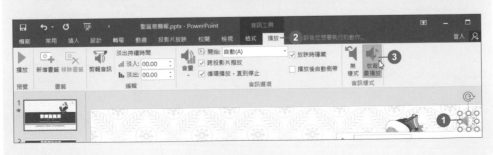

3. 為了避免與第三張投影片的音訊檔與背景
   音樂同時播放，所以必須將背景音樂設
   定於第二張投影結束播放後停止播放；一
   樣切換至第一張投影片選取音訊檔圖示，
   於 **動畫** 索引標籤選按 **動畫** 對話方塊啟動
   器，開啟對話方塊。

   於 **效果** 標籤設定 **停止播放：在 2 張投影
   片之後**，完成後按 **確定** 鈕，這樣在播放
   第三張投影片時，可避免音訊檔聲音同時
   播放太過吵雜。

4. 切換至第三張投影片，於 **插入** 索引標籤選按 **音訊 \ 我個人電腦上的音訊**，
   插入延伸練習原始檔 <bell.WAV>，將音訊物件移至鈴噹圖案下方，於 **音訊
   工具 \ 播放** 索引標籤選按 **剪輯音訊** (或 **修剪音訊**) 開啟對話方塊。

5. 如下圖設定聲音 **開始時間** 與 **結束時間**，按 **確定** 鈕，接著複製該音訊物件放
   置右邊鈴噹圖案下方。

6. 設定右邊音訊的播放動作，於 **動畫** 索引標籤選按 **動畫** 對話方塊啟動器，開
   啟對話方塊，於 **預存時間** 標籤中設定 **重複：3**，完成後按 **確定** 鈕。

7. 切換至第四張投影片，於 **插入** 索引標籤選按 **視訊 \ 我個人電腦上的視訊**，插
   入延伸練習原始檔 <movie.mp4>，並調整合適的大小與位置。

8. 最後於 **視訊工具 \ 格式** 索引標籤選按 **視訊樣式 - 其他**，清單中選擇 **輕微：簡
   易框架, 白色** 為視訊影片加上邊框的樣式。

12

土耳其行旅簡報
相簿簡報設計

快速新增相簿簡報‧設計首頁

設定簡報的動畫效果‧換頁動作

為相簿增添內容

學習重點

「土耳其行旅剪影」運用 **新增相簿** 快速建立相簿簡報,並搭配圖片、文字方塊、矩形圖案,編排各張投影片的版面內容,最後再設定簡報的動畫效果,輕鬆完成相簿簡報的製作。

- ➕ 快速新增相簿簡報
- ➕ 設計相簿簡報首頁
- ➕ 為相簿簡報增添內容

- ➕ 設定相簿簡報的動畫效果
- ➕ 設定相簿簡報換頁動作

原始檔:<本書範例 \ ch12 \ 原始檔 \ 土耳其行旅剪影.txt>
完成檔:<本書範例 \ ch12 \ 完成檔 \ 土耳其行旅剪影.pptx>

12.1 快速新增相簿簡報

PowerPoint 的 **新增相簿** 功能可讓您快速設計展示個人或商業用的相簿簡報，一次插入大量相片檔案，不但能節省重覆操作的時間，也更有效率！

01 開啟 PowerPoint 並新增一空白簡報，於 **插入** 索引標籤選按 **相簿** 清單鈕 \ **新增相簿** 開啟對話方塊，選按 **檔案/磁碟片** 鈕。

02 開啟範例原始檔 <photo> 資料夾，按 Ctrl 鍵不放一一選取 <001.jpg> ~ <009.jpg> 九個圖片檔，按 **插入** 鈕，設定 **圖片配置：調整至投影片大小**，再按 **建立** 鈕。

 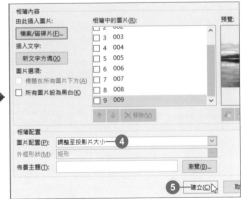

如果建立相簿後才要調整目前相簿的圖片配置、文字方塊、圖片色彩...等配置時，可於 **插入** 索引標籤選按 **相簿** 清單鈕 \ **編輯相簿** 開啟對話方塊設定：

變更圖片配置與外框

編輯相簿 對話方塊中透過 **圖片配置** 功能可調整一張投影片中可呈現的相片數，而 **外框形狀** 功能則是會替圖片自動套用上指定的外框樣式。

依自己喜愛的設計選擇圖片的配置方式。

依自己喜愛的格式選擇圖片的外框形狀。

插入一張文字說明投影片

如果想增加純文字說明的投影片，可在 **相簿中的圖片：** 選取要在之後插入文字方塊投影片的圖片名稱後，按 **新文字方塊** 鈕，即可新增一張只有文字方塊的投影片。

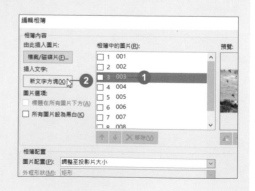

變更圖片色彩

編輯相簿 對話方塊中核選 **圖片選項：所有圖片設為黑白**，這樣會將所有圖片調整為灰階。

快速增加圖片名稱標題

編輯相簿 對話方塊中核選 **圖片選項：標題在所有圖片下方** (注意：**圖片配置** 需為 **調整至投影片大小** "以外" 的配置方式)，即可在圖片下方出現該圖檔名稱的文字方塊。

變更圖片排列順序或刪除圖片

於 **相簿中的圖片**：清單中核選要變更順序的圖片，接著選按 ↑ 鈕可以將核選的圖片順序向前移動，↓ 鈕可以將核選的圖片順序向後移動，選按 ✕移除(V) **移除**鈕可以將核選的圖片刪除。

旋轉及編輯相片對比亮度

於 **相簿中的圖片**：清單中核選要編輯的圖片，再利用 **預覽** 下方的編輯鈕編輯圖片的亮度、對比或旋轉圖片。

提高、降低對比

提高、降低亮度

逆時針、順時針旋轉

完成調整後，按 **重新整理** 鈕，即可套用目前的設定並回到投影片中。

設計相簿簡報首頁

12.2

新增相簿 功能可快速設計出相片簡報，但預設的簡報略嫌單調，如果要製作質感較佳的相簿簡報就需要花一點心思及時間。

插入背景底圖

在 **背景格式** 窗格中插入準備好的背景圖片檔，美化背景與畫面文字敘述的部分。

01 切換至第一張投影片，於投影片空白處按一下滑鼠右鍵選按 **背景格式** (或 **設定背景格式**) 開啟工作窗格編輯。

02 在 **填滿** 項目中核選 **圖片或材質填滿**，按 **檔案** (或 **插入 \ 從檔案**) 鈕開啟對話方塊，開啟範例原始檔 <photo \ bg.jpg>，再按 **插入** 鈕，完成後按右上角 **關閉** 鈕，關閉工作窗格。

插入與編修圖片素材

01 切換至第一張投影片，於 **插入** 索引標籤選按 **圖片** (或 **圖片 \ 此裝置**)，開啟範例原始檔 <photo \ 熱氣球01.png>，再按 **插入** 鈕。

02 將插入的圖片素材移至投影片右下角如圖位置，調整適當的大小後，在圖片素材上按一下滑鼠右鍵，將滑鼠移至 **移到最下層**，在出現的下拉式清單中選按 **移到最下層**，置於文字方塊下方。

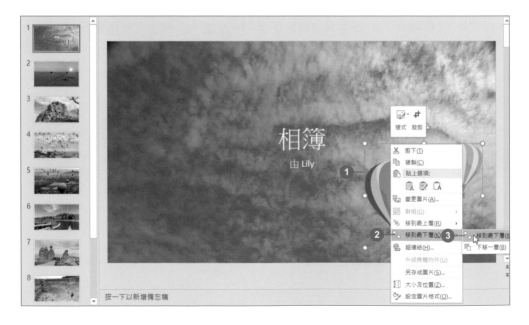

03 選取熱氣球圖片，於 **圖片工具 \ 格式** 索引標籤選按 **校正**，清單中選按合適的色彩校正樣式套用。(此範例套用 **亮度:0%(標準模式) 對比:+20%**)

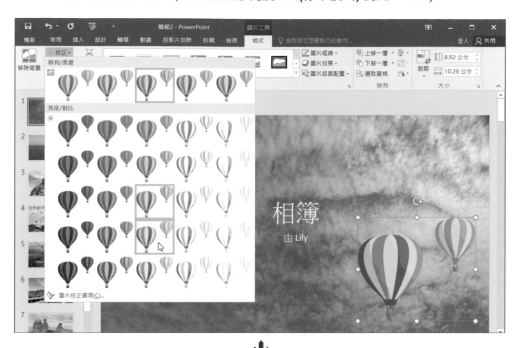

▲ 完成後，熱氣球圖片會呈現明顯的對比色調。

-**TIPS**-

更多的圖片效果調整

於 **圖片工具 \ 格式** 索引標籤選按 **校正 \ 圖片校正選項** 開啟右側工作窗格，於工作窗格中有更詳盡的圖片校正項目，如：**銳利/柔邊**、**亮度/對比**、**圖片色彩**...等項目，可以針對各種設定做更細膩的調整。

輸入標題與副標文字

01 開啟範例原始檔 <土耳其行旅剪影.txt>，參考下圖複製相關文字至第一張投影片貼上，並設定文字格式與位置擺放。

設定 **字型**：微軟正黑體、**字型大小**：**60 pt**、粗體、白色、靠左對齊。

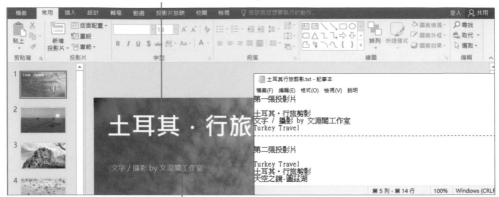

設定 **字型**：微軟正黑體、**字型大小**：**18 pt**、
字型色彩：白色, 文字 1, 較深 **15%**、靠左對齊。

02 於 **插入** 索引標籤選按 **文字方塊** 清單鈕 \ **水平文字方塊**，插入一個合適大小的水平文字方塊，參考下圖複製相關文字貼入文字方塊中，設定文字格式並擺放至合適位置。

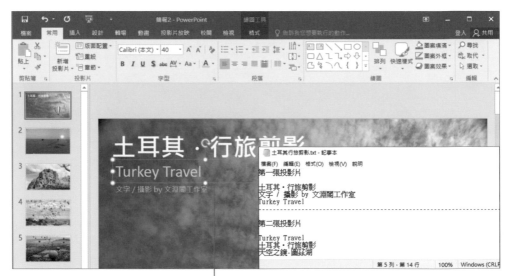

設定 **字型**：**Calibri**、**字型大小**：**40 pt**、
字型色彩：白色, 文字 1, 較深 **15%**、靠左對齊。

12.3 為相簿簡報增添內容

完成首頁設計後，接著只要完成第二張的投影片設計，後續的投影片就可以透過複製第二張投影片的內容進行修改，加快編輯的速度。

佈置主題 LOGO 與遊記文案

利用 Photoshop 或其他軟體製作的圖案，替相簿簡報插入一張好看的 Logo 可讓簡報更有主題性。

01 切換至第二張投影片，於 **插入** 索引標籤選按 **圖片** (或 **圖片 \ 此裝置**) 開啟對話方塊，選取範例原始檔 <photo \ 熱氣球02.png>，再按 **插入** 鈕。

02 調整熱氣球圖片至合適大小，並將圖片擺放至投影片左上角如圖位置。

03 選取熱氣球圖片，於 **圖片工具 \ 格式** 索引標籤選按 **色彩**，清單中選按 **重新 著色 \ 橙色, 強調色 2 深色**。

04 接著插入合適大小的水平文字方塊，複製 **<土耳其行旅剪影.txt>** 中文字，如 下圖貼入文字方塊中，設定文字格式後擺放至合適的位置。

設定 字型：**Calibri**、字型大小：**18 pt**、
字型色彩：黑色, 背景 **1**、靠左對齊。

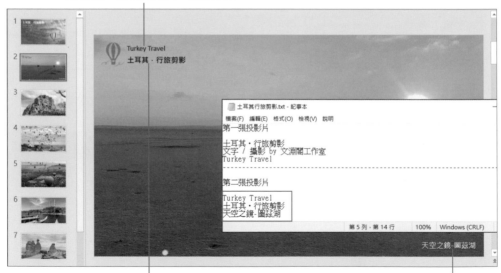

設定 字型：微軟正黑體、粗體、字型大小：**18 pt**、　　設定 字型：微軟正黑體、字型大小：**18 pt**、
字型色彩：黑色, 背景 **1**、靠左對齊。　　　　　　字型色彩：白色, 文字 **1**、靠右對齊。

05 於 **插入** 索引標籤選按 **圖案 \ 矩形**，拖曳繪製一個矩形，如圖調整位置及大小，接著於 **繪圖工具 \ 格式** 索引標籤選按 **下移一層** 清單鈕 **\ 下移一層**，置於文字方塊下方。

06 於矩形上按一下滑鼠右鍵選按 **設定圖案格式** (或 **設定圖形格式**) 開啟工作窗格：**填滿** 項目中核選 **實心填滿**，**色彩** 為 **灰-25%, 文字2, 較深50%**、**透明度** 為 **40%**；**線條** 項目核選 **無線條**，完成第二張投影片的設計，完成後按右上角 **關閉** 鈕關閉工作窗格。

複製編排好的圖文至其他投影片

01 於第二張投影片選取除了底圖相片以外的其他所有物件，按 `Ctrl` + `C` 鍵複製，接著切換至第三張投影片按 `Ctrl` + `V` 鍵貼上，複製 <土耳其-行旅剪旅.txt> 相關文字，替換投影片中的相片敘述。

02 依相同方法為每張投影片貼上熱氣球圖片、文字方塊、矩形圖案，再修改相關的相片敘述，就先完成了各投影片的版面編排。

12.4 設定相簿簡報的動畫效果

相片為主的相簿簡報，除了一張張依序呈現，可以為相簿簡報中的
文字及圖片加上動畫效果，讓整體視覺更豐富。

為物件加上動畫

01 切換至第一張投影片，選取英文標題文字方塊，於 **動畫** 索引標籤選按 **動畫-其他**，清單中選按 **進入：圖案** 套用。

02 接著再於 **動畫** 索引標籤選按 **效果選項**，清單中選按 **方向：向外**。

03 選取相簿標題文字方塊，按著 **Shift** 鍵不放再選取作者名稱文字方塊，於 **動畫** 索引標籤選按 **動畫-其他**，清單中選按 **進入：漂浮進入** 動畫套用。

04 選取相簿標題文字方塊，於 **動畫** 索引標籤選按 **效果選項**，清單中選按 **方向：向上浮動**。

05 選取右下角熱氣球圖片，於 **動畫** 索引標籤選按 **動畫-其他**，清單中選按 **進入：淡出** (或 **淡化**) 動畫套用。

設定動畫時間

完成了基本動畫套用後，接著開始設定動畫時間。

01 於 **動畫** 索引標籤選按 **動畫窗格** 開啟工作窗格。

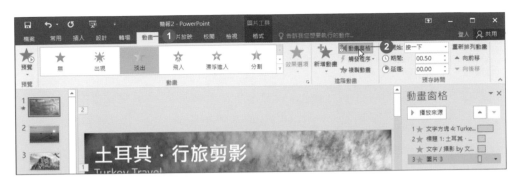

02 選取英文標題文字方塊，於 **動畫** 索引標籤設定 **開始：接續前動畫、期間：**
「02.00」、**延遲：**「01.50」。

03 選取相簿標題文字方塊，於 **動畫** 索引標籤設定 **開始：接續前動畫、期間：**
「01.00」。

04 選取作者名稱文字方塊，於 **動畫** 索引標籤設定 **開始：接續前動畫、期間：** 「**01.00**」。

05 最後選取熱氣球圖片，於 **動畫** 索引標籤設定 **開始：接續前動畫、期間：** 「**01.00**」，完成後於 **動畫窗格** 工作窗格空白處按一下，呈現不選取狀態，再 選按 **全部播放** 鈕觀看動畫效果，之後可以按右上角 **關閉** 鈕關閉工作窗格。

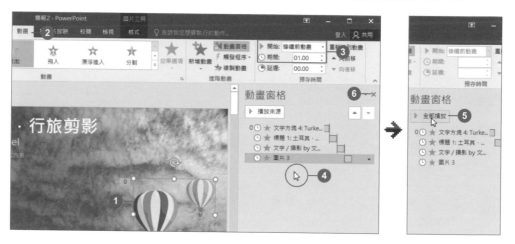

T I P S

動畫窗格

動畫在播放時，可以透過 **動畫窗格** 看到整個動畫過 程，綠色方塊代表動畫時間長度，也可利用 ▲ 或 ▼ 鈕變更動畫播放的順序。

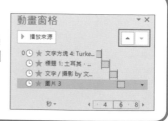

設定相簿簡報換頁動作

12.5

一般來說，設定好的投影片換頁動作都必須按一下滑鼠左鍵來做切換，接下來將利用間隔的秒數來設定換頁動作，讓相簿簡報在播放時省去您 "按一下滑鼠" 的動作。

切換檢視瀏覽模式

於 **檢視** 索引標籤選按 **投影片瀏覽**，以下將利用此檢視模式設定簡報切換頁面的動作。

時間長度與轉場效果

01 選取標題投影片，於 **轉場** 索引標籤取消核選 **滑鼠按下時**，接著核選並輸入 **每隔：**「00:09.00」。(這是預估標題投影片中動畫所用掉的秒數，再加上要換頁的間隔時間 3 秒所得到的秒數)

02 選取第二張至第十張投影片，於 **轉場** 索引標籤取消核選 **滑鼠按下時**，核選並輸入 **每隔**：「00:05.00」。

03 最後於 **轉場** 索引標籤選按 **切換到此投影片-其他**，清單中選按 **區別** (或 **輕微**)：**淡出** 設定切換投影片時的動畫，就完成相簿簡報的設計。

完成囉！記得儲存作品檔案，最後於 **投影片放映** 索引標籤選按 **從首張投影片**，放映並觀賞此簡報作品。

延伸練習

實作題

請依如下提示完成「荷花拍法」簡報作品。

1. 開啟一空白簡報檔，於 **插入** 索引標籤選按 **相簿** 清單鈕 \ **新增相簿**，選按 **檔案/磁碟片** 鈕，開啟延伸練習原始檔 <photo> 資料夾中六張圖片檔。

2. 設定 **圖片配置：二張有標題的圖片**、**外框形狀：複合框架, 黑色**，設定完成後按 **建立** 鈕。

3. 切換至第一張投影片於 **設計** 索引標籤選按 **佈景主題-其他**，清單中選按 **小水滴** 佈景主題樣式。

4. 輸入標題文字「荷花拍法簡報」，選取文字後於 **繪圖工具 \ 格式** 索引標籤選按 **文字藝術師樣式 - 其他**，清單中選按 **填滿 - 白色, 外框 - 輔色 1, 光暈 - 輔色 1**，接著於 **常用** 索引標籤設定 **字型大小：60 pt**、字型：微軟正黑體、粗體、文字陰影、靠右對齊。選取作者名稱「BY WINSTON TENG」，設定 **字型大小：22 pt**、字型色彩：黑色, 文字 1、靠右對齊。

5. 於 **檢視** 索引標籤選按 **投影片母片**，選取標題投影片版面配置，於 **投影片母片** 索引標籤選按 **背景樣式 \ 背景格式 (或 設定背景格式)** 開啟工作窗格，在 **填滿** 項目中核選 **圖片或材質填滿**，再按 **檔案 (或 插入 \ 從檔案)** 鈕，開啟延伸練習原始檔 <背景.png>，完成後選按 **關閉母片檢視**。

6. 切換至第一張投影片，調整標題文字與作者名稱至如圖位置。

7. 按 Ctrl 鍵不放，於左側投影片窗格選取第二~第四張投影片縮圖，於 **設計** 索引標籤選按 **變化-其他 \ 背景樣式**，接著於 **樣式 7** 按一下滑鼠右鍵選按 **套用至所選的投影片**，為這三張投影片套用新的背景樣式。

8. 切換至第二張投影片，開啟延伸練習原始檔 <荷花拍攝相關文字.txt>，複製當中的文字貼入文字方塊中，設定 **字型大小：24 pt**、**字型：微軟正黑體**、**字型色彩：黑色, 背景 1、靠左對齊**，並依相同方式製作另外二張投影片。

9. 最後再設計換頁的動作後就完成了，首先選取左側投影片窗格所有投影片，於 **轉場** 索引標籤選按 **切換到此投影片-其他**，清單中選按 **區別** (或 **輕微**)：**分割**。

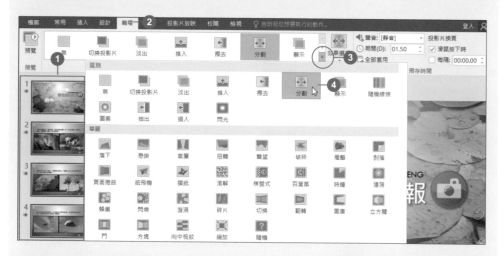

完成囉！記得儲存作品檔案，最後於 **投影片放映** 索引標籤選按 **從首張投影片**，放映並觀賞此簡報作品。

13

圖書產品簡報
播放技巧與列印

換頁・醒目提示

快速鍵・投影片播放

排練計時・預覽・列印

簡報播放時需要的各項技巧，如：換頁方法、使用畫筆、快速鍵、排練計時、錄製投影片放映、列印...等，都會在此章中詳細說明。

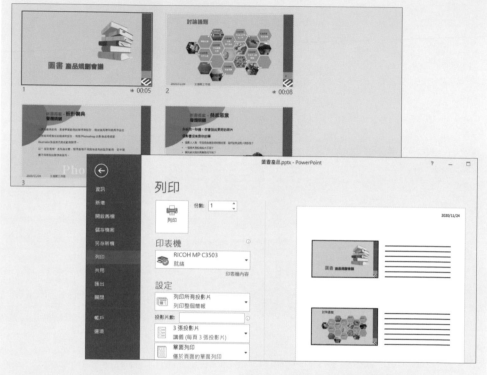

- ➕ 播放與換頁的方法
- ➕ 播放時使用畫筆加入醒目提示
- ➕ 播放時常用快速鍵
- ➕ 自訂播放方式
- ➕ 隱藏暫時不播放的投影片

- ➕ 自訂投影片播放的前後順序
- ➕ 自動執行投影片播放
- ➕ 播放簡報時顯示頁面與備忘稿
- ➕ 列印前的相關設定
- ➕ 預覽配置與列印作品

原始檔：<本書範例\ch13\原始檔\圖書產品.pptx>
完成檔：<本書範例\ch13\完成檔\圖書產品.pptx>

13.1 播放與換頁的方法

上台簡報時，除了一張張簡報依序播放，台下觀眾、主管突然要求瀏覽剛剛播放過的投影片，或要針對某張投影片主題進行 Q & A，這時候該怎麼做？

01 開啟範例原始檔 <圖書產品.pptx>，並於 **投影片放映** 索引標籤選按 **從首張投影片**，或直接按狀態列右側 🖵 **投影片放映** 鈕播放簡報作品。

02 若要讓投影片按順序播放，當第一張投影片講解完畢後，按一下滑鼠左鍵、Backspace 空白鍵可跳至下一張投影片，或者按方向鍵 ←、→ 可往前翻頁與往後翻頁。

03 在播放的投影片上按一下滑鼠右鍵，清單中也可以選擇播放前一張、下一張或者選按 **查看所有投影片** 選按要播放的投影片 (更多換頁方式可參考 P13-6 說明)。

移至 **下一張** 或 **前一張** 投影片

在檢視所有投影片模式下，可以指定播放任何一張投影片。

將特定的區域放大顯示

T I P S

中途結束簡報播放

播放簡報途中想要結束時，可按 Esc 鍵，或在播放的投影片上按一下滑鼠右鍵，選按 **結束放映**，即可回到 PowerPoint 軟體。

13.2 播放時使用畫筆加入醒目提示

播放簡報時，除了使用市售常見的紅光雷射筆外，也可利用 PowerPoint 本身所提供的畫筆功能直接在螢幕上畫出簡報重點或加上註解，讓觀眾更了解目前主講者的演講重點。

01 於 **投影片放映** 索引標籤選按 **從首張投影片** 或是按狀態列右側 🖵 **投影片放映** 鈕播放簡報作品。

02 播放簡報時，按 `Ctrl` + `P` 鍵，會看到滑鼠指標 ⩰ 變成一個點，這時可以在播放的投影片上按滑鼠左鍵不放，以拖曳方式圈選重點與加上註解。

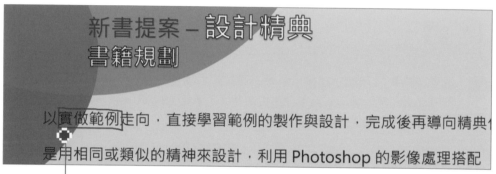

▲ 播放簡報時，按 `Ctrl` + `A` 鍵，可將畫筆樣式恢復為 ⩰ 一般指標模式。

03 除了預設紅色畫筆樣式外，亦可選擇不同的顏色與畫筆樣式標註。(建議在正式開始前先設定顏色與畫筆樣式，讓演講時更加順利)

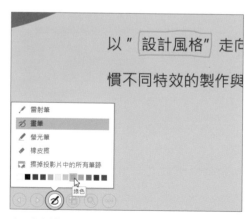

▲ 在播放的投影片左下方選按 🖊 指標選項 再於清單中挑選合適顏色，可以依指定顏色圈選重點與加上註解。

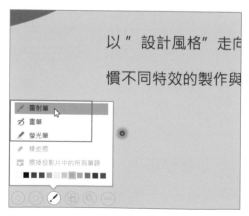

▲ 若想要更換畫筆的樣式時，可以透過清單挑選上方的三種畫筆。

04 播放簡報時，於左下方選按 ✎ **指標選項 \ 橡皮擦**，待滑鼠指標呈 ✎ 時，在想要清除的筆跡標註上按一下滑鼠左鍵即可。播放簡報時，若要一次清除所有筆跡標註可以按 E 鍵。

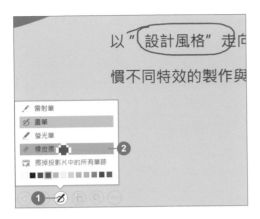
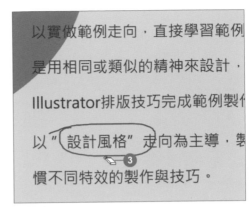

05 結束播放簡報時，若沒有完全清除播放時新增的筆跡，會出現一對話方塊，詢問是否要保留投影片中的筆跡標註。

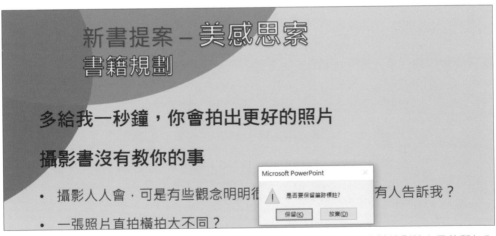

▲ 按 **保留** 鈕可將目前加入的所有筆跡標註都保留下來；按 **放棄** 鈕可去除投影片上目前所加入的筆跡標註。

TIPS

關於筆跡標註

按 **保留** 鈕所保留下來的筆跡回到 **標準模式** 時會轉成圖案物件。若想要刪除時，必須在 **標準模式** 下選取該物件後按 Del 鍵。

13.3 播放時常用快速鍵

播放簡報時,如果想執行回到上一頁、首頁、跳到指定頁數、開始與停止播放...等常用功能,應用以下分享的快速鍵,讓播放效果更加分。

開始與停止播放

功能	快速鍵
從首張投影片播放	F5 鍵
停止播放	Esc 鍵
從目前投影片播放	Shift + F5 鍵
在簡報者檢視畫面播放	Alt + F5 鍵

換頁或指定頁面播放

播放簡報的過程中,運用以下這些快速鍵可快速進入需要的頁面。

功能	快速鍵
跳至上一頁	PageUp 鍵、↑ 鍵、← 鍵、P 鍵
跳至下一頁	PageDown 鍵、Backspace (空白) 鍵、↓ 鍵、→ 鍵、N 鍵
跳至指定頁面	依要顯示的投影片編號,輸入數字鍵,再按 Enter 鍵。 如果忘了要顯示的投影片是第幾張時,可按 Ctrl + S 鍵,會顯示出 **所有投影片** 清單的對話方塊供選按。
回到第一張投影片	Home 鍵、同時按住滑鼠左、右鍵 2 秒
移到最後一張投影片	End 鍵

滑鼠狀態切換

播放簡報時，常會將滑鼠箭頭轉成畫筆或是隱藏，運用以下快速鍵可快速做切換。

功能	快速鍵
切換為橡皮擦	Ctrl + E 鍵
切換為畫筆	Ctrl + P 鍵
切換為箭頭	Ctrl + A 鍵
切換為雷射筆	Ctrl + L 鍵、按住滑鼠左鍵 2 秒
清除所有筆跡	E 鍵
隱藏箭頭	Ctrl + H 鍵

畫面變黑、變白

播放簡報時，如果需要暫時休息一下，希望畫面暫停且呈現黑或白的螢幕待機效果時，可運用以下這二個快速鍵。(畫面呈現變黑或變白的情況下，再按一下鍵盤上任何一鍵即可回到原來畫面)

功能	快速鍵
畫面變黑	B 鍵
畫面變白	W 鍵

切換至其他視窗

播放簡報時，如果需要切換至其他視窗時可運用以下這二個快速鍵，而不須中斷播放流程。

功能	快速鍵
顯示清單	Alt + Tab 鍵
顯示工作列	Ctrl + T 鍵

13.4 自訂播放方式

除了預設的簡報播放方式外,還可依照簡報內容設定與調整一些細節,讓整體效果更加完美。

01 於 **投影片放映** 索引標籤選按 **設定投影片放映**。

02 於此對話方塊,可依需求設定 **放映類型、放映選項、放映投影片、投影片換頁、多重螢幕、畫筆顏色、解析度**...等相關功能。(參考下頁的分析說明)

功能		說明
放映類型	由演講者簡報 (全螢幕)	無操作限制，可使用 PowerPoint 所有操作功能，讓演講者可隨時控制流程，為常見的簡報模式。
	觀眾自行瀏覽 (視窗)	無操作限制，以視窗模式展示，可使用其專屬快顯功能表，適用於企業內部網路個別瀏覽簡報。
	在資訊站瀏覽 (全螢幕)	將無法進行任何編輯動作及操作投影片換頁，且在播放簡報同時無法執行右鍵開啟快顯功能表，適用於展覽會場展示，或無法由專人控制的簡報播映。
放映選項	連續放映到按下 Esc 鍵為止	按 Esc 鍵可停止播放。
	放映時不加旁白	播放簡報時，不播放內嵌旁白。
	放映時不加動畫	播放簡報時，不播放內嵌動畫。
	停用硬體圖形加速	預設會使用硬體圖形加速來使播放更加流暢，如果您的視訊卡無法支援圖形加速而產生錯誤時，建議核選此項目以取消此功能。
畫筆顏色		畫筆的預設色彩。
雷射筆色彩		雷射筆的預設色彩。
放映投影片	全部	播放所有投影片。
	從： 至：	播放指定範圍的投影片。
	自訂放映	可自行指定出場播放的投影片及其順序。(請參考13.6 節的說明)
投影片換頁	手動	演講者在播放簡報期間，自行掌控進度。
	若有的話，使用預存時間	依自行設定的秒數，做為自動播放時間。
多重螢幕		當電腦同時連接二台螢幕時，這個功能才能產生作用。
使用簡報者檢視畫面		執行投影片播放時所需的一切項目全都包含在同一個視窗中。

13.5 隱藏暫時不播放的投影片

利用隱藏投影片的功能，播放簡報時只秀出此次簡報需要的投影片，而將其他用不到的投影片隱藏！

01 於 **檢視** 索引標籤選按 **投影片瀏覽**，在檢視模式下選取要隱藏的投影片。(在此選取了投影片 3)

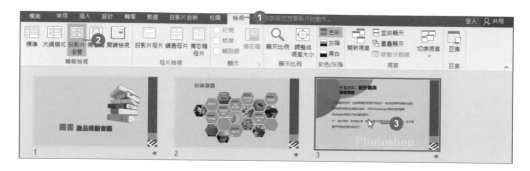

02 於投影片縮圖上按一下滑鼠右鍵，選按 **隱藏投影片**，這樣一來該投影片縮圖編號處會被標註上灰色的斜線，表示已成功隱藏。

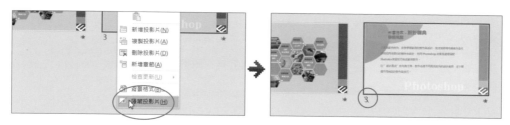

於 **投影片放映** 索引標籤選按 **從首張投影片** 播放簡報作品，看看設定後的效果。為方便後續練習，瀏覽後請在投影片 3 縮圖上按一下滑鼠右鍵，再次選按 **隱藏投影片**，取消隱藏。

TIPS

其他隱藏、顯示投影片的設定

1. 如果將第二張投影片設定為隱藏，可是在播放時是由第二張投影片開始播放，那麼第二張投影片還是會被播放出來。

2. 若是在播放簡報時，覺得下一張隱藏的投影片有顯示的必要，可按 H 鍵立即顯示出隱藏的投影片，暫時取消此次播放的隱藏設定。

13.6 自訂投影片播放的前後順序

想讓簡報變得更靈活好控制嗎？**自訂放映** 功能就是最好的選擇。不但可指定這次要出場的投影片，更能輕鬆的排定出場順序，以及訂定多組播放設定。

01 於 **投影片放映** 索引標籤選按 **自訂投影片放映 \ 自訂放映**，開啟對話方塊按 **新增** 鈕。

02 先設定 **投影片放映名稱**：「圖書簡報」，再分別核選要加入的投影片後，按 **新增** 鈕將其加入右側播放清單中。

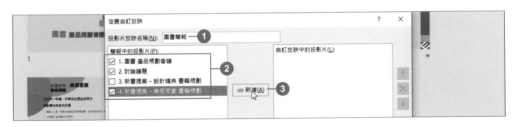

03 按 ↑ 或 ↓ 鈕，可調整目前選定的投影片播放順序，最後按 **確定** 鈕即完成自訂放映的設定。

04 回到 **自訂放映** 對話方塊,只要按 **放映** 鈕會依指定的投影片與播放順序開始播放,也可按 **關閉** 鈕結束設定。

05 若要播放此自訂的簡報,於 **投影片放映** 索引標籤選按 **自訂投影片放映**,於清單中選按合適的自訂項目播放。

TIPS

編輯自訂放映

日後若要增減或調整 **自訂放映** 的投影片,於 **投影片放映** 索引標籤選按 **自訂投影片放映 \ 自訂放映** 開啟對話方塊,選取欲修改的自訂項目後按 **編輯** 鈕即可重新編輯。例如:要刪除某張投影片時,只要選取該投影片按 ✕ **移除** 鈕。

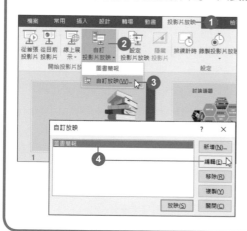

13.7 自動執行投影片播放

自動播放簡報必須事先設定好每張投影片的播放時間，再依該時間自動播放，此處示範三種常見的設定方式，可以依目的與狀況選擇最適合的，最後記得要設定 **投影片換頁** 方式，才能成功的自動播放。

排練及設定簡報時間

方法一使用 **排練計時** 功能，於放映模式下排練並記下每張投影片需要的時間。排練投影片的播放時間不光是按滑鼠左鍵進行下一步而已，必須按照正式放映時將整段說明搭配切換頁面動作講一遍，這樣預測的時間才會更準確。

01 於 **投影片放映** 索引標籤選按 **排練計時**，開始播放排練，螢幕左上角會出現如下 **錄製** 工具列，且中間該張投影片播放時間已開始計時：

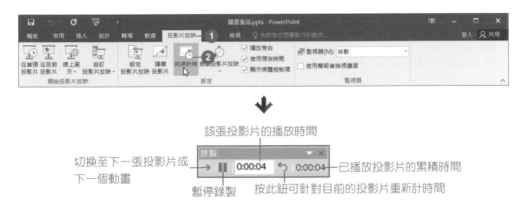

該張投影片的播放時間

切換至下一張投影片或
下一個動畫

暫停錄製　　　按此鈕可針對目前的投影片重新計時間

已播放投影片的累積時間

02 播放排練過程如同模擬真實播放的情形，當簡報完全播放完畢後，會出現詢問是否確定此播放時間設定的對話方塊，若已經滿意這次的排練過程和時間，按 **是** 鈕；若不滿意，可按 **否** 鈕重新排練一次。

▲ 在播放過程中，於 **錄製** 工具列選按右上角的 ☒ 鈕，也可開啟如上對話方塊。

03 完成排練設定後，於 **檢視** 索引標籤選按 **投影片瀏覽** 模式，可看到每張投影片的下方會顯示出這次排練的時間。

錄製含有旁白和放映時間的投影片放映

方法二使用 **錄製投影片放映** 功能，不僅會錄下投影片動畫與切換時間，還可同時錄下旁白聲音與重點筆跡。(若要錄製旁白，您的電腦必須具備音效卡、麥克風及麥克風連接器)

前一個以 **排練計時** 設定影片放映時間的方式不是每個人都覺得好用，因為人不是機器，就算是照著同一張稿子唸，也不可能每次講話或換頁速度都一樣，只要時間稍有拖延都會無法配合已設定好的排練時間。如果這份簡報預計在沒有簡報者的情況下傳達資訊，例如：賣場攤位、會場導覽...等，建議使用以下示範的 **錄製投影片放映** 功能：

01 於任一張投影片，於 **投影片放映** 索引標籤選按 **錄製投影片放映** 清單鈕 \ **從頭開始錄製** (或 **從頭錄製**) 開啟對話方塊。

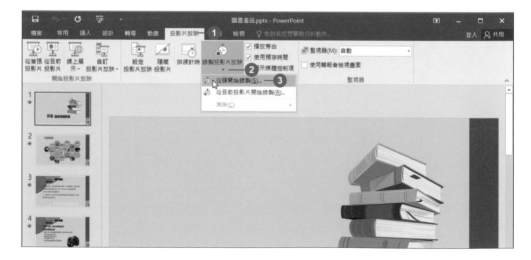

02 若只是單純錄製旁白，請核選 **旁白、筆跡和雷射筆**；如果要連投影片放映的動作一起錄製，請核選二個選項，核選好要錄製的內容後，按 **開始錄製** 鈕。(PowerPoint 2019 版本此功能介面略為不同，請參考 **P13-17** "資訊補給站" 的說明)

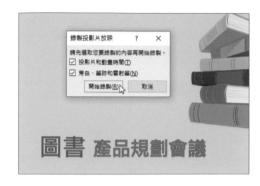

03 開始錄製後，如同投影片播放時的效果，只是畫面左上角多出 **錄製** 控制面板，可以利用此控制面板自訂每張投影片的時間或是切換投影片。錄製到一半還可按 **暫停** 鈕，會出現一對話方塊告知已暫停錄製，再按 **繼續錄製** 鈕可繼續錄製動作。

切換下一張投影片　暫停錄製　　　整份簡報的錄製總時間

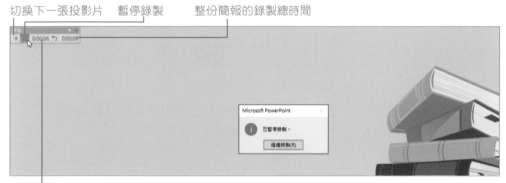

目前本張投影片的錄製時間

04 待簡報放映完畢即可結束錄製動作。

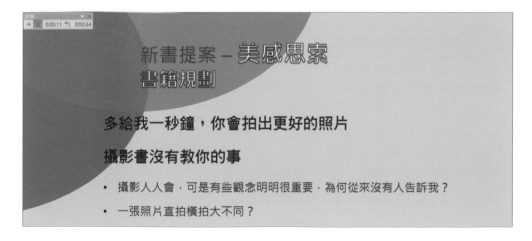

05 接著於 **檢視** 索引標籤選按 **投影片瀏覽**，工作區會切換成 **投影片瀏覽** 模式，錄製好的旁白會於每張投影片右下角出現音訊圖示，並顯示每張投影片錄的時間長度。

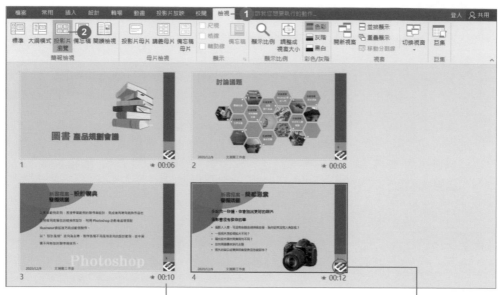

每張投影片錄的時間長度

完成錄製旁白後，可再自行調整音訊圖示的位置或是否隱藏。

TIPS

刪除與重錄旁白

錄製旁白之後，發現某張或是整份投影片的錄製不甚滿意，可於 **投影片放映** 索引標籤選按 **錄製投影片放映** 清單鈕 \ **清除** 清單中選按想要刪除的動作，完成後再重新錄製旁白。

資 訊 補 給 站

關於 PowerPoint 2019 錄製投影片放映

PowerPoint 2019 版本中，**錄製投影片放映** 功能為新版本畫面，在執行 **錄製投影片放映**，會出現如下檢視畫面，可參考說明了解操作方式：

錄製控制項目　　　　　　開啟備忘稿內容　　清除已錄製好的內容　可設定麥克風
　　　　　　　　　　　　　　　　　　　　　　　　　　　　及相機設備

上一張投影片　錄製時間　　筆跡工具及色彩設定　開啟 / 關閉　　　下一張投影片
　　　　　　　　　　　　　　　　　　　　　　　麥克風或相機

檢查並設定硬體設備

錄製前可先檢查麥克風及相機是否有正常運作，於畫面右上角選按 **設定**，清單中有顯示設備名稱即表示正常運作中；畫面右下角分別有代表 🎤 **麥克風**、📷 **相機**、🖼 **相機預覽** 功能的開啟及關閉按鈕。

開始錄製投影片放映

01 準備好要開始錄製後，於畫面左上角選按 ⬤ **錄製** 鈕，畫面會出現開始倒數計時三秒，然後開始錄製。

02 錄製過程中，於畫面左下角可以看到目前錄製的投影片頁數及單頁時間、總時間，當全部投影片錄製完成，於畫面中間黑色部分按一下滑鼠左鍵即完成並回到編輯畫面。

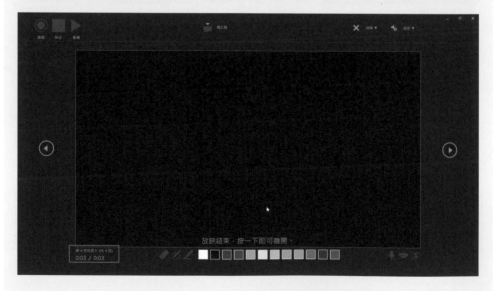

手動設定投影片計時

也可以直接指定每張投影片在特定秒數後移至下一張投影片，這樣的設定方式能更精確掌握每張投影片放映時間。

設定投影片播放時的換頁時間，在 **投影片瀏覽** 模式下，選取欲設定的投影片後，於**轉場** 索引標籤核選 **每隔**，並於欄位中設定需要的換頁時間。

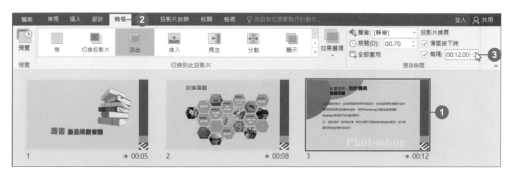

▲ 若想將所有簡報設定相同的預覽時間，可在輸入時間後，按 **全部套用**。

設定簡報自動執行

若自動放映時希望還能同時擁有一般放映的操作功能，例如：畫筆加入醒目提示與換頁...等，且播放一次即停止。可於 **投影片放映** 索引標籤選按 **設定投影片放映** 開啟對話方塊，請核選 **放映類型：由演講者簡報 (全螢幕)**，投影片換頁：**若有的話，使用預存時間**，再按 **確定** 鈕。

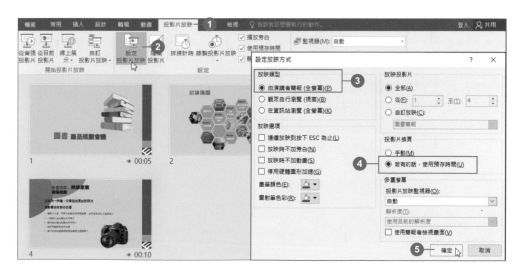

若自動放映時希望無法進行任何編輯動作及換頁，且會連續放映到按下 Esc 鍵為止，適用於展覽會場展示，或無法由專人控制的簡報播映。可於 **投影片放映** 索引標籤選按 **設定投影片放映** 開啟對話方塊，請核選 **放映類型：在資訊站瀏覽 (全螢幕)**，再按 **確定** 鈕。

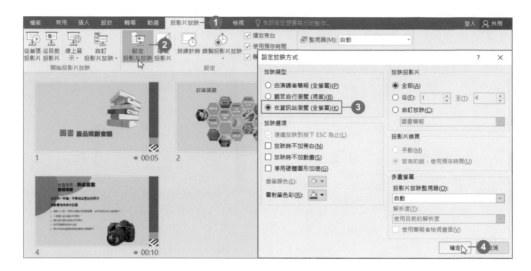

於 **投影片放映** 索引標籤選按 **從首張投影片**，可以看到設定後的效果。

13.8 播放簡報時顯示頁面與備忘稿

一上台容易因為緊張而忘詞嗎？使用 **簡報者檢視畫面** 可以讓您一邊檢視事先準備的備忘稿，一邊檢視投影片進行講演，而聽眾只會看到您的投影片。

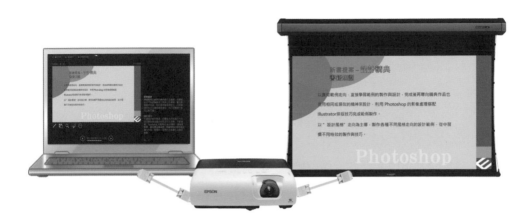

新增備忘稿

01 開啟範例原始檔 <備忘稿文字.txt>，選取第三張投影片的備忘稿文字，選按 **編輯 \ 複製**，接著回到簡報中切換至第三張投影片，於簡報編輯區下方，選按 **備忘稿** 開啟備忘稿編輯區。

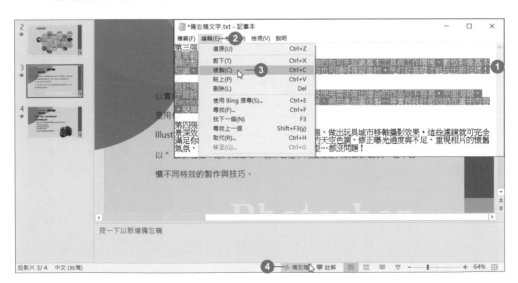

02 在備忘稿編輯區按一下滑鼠左鍵，按 `Ctrl` + `V` 鍵貼上。如果文字超出備忘稿編輯區的高度時，側邊會出現垂直捲軸，將滑鼠移到備忘稿編輯區框線上，呈 ↕ 狀，往上拖曳可以放大備忘稿編輯區的範圍。

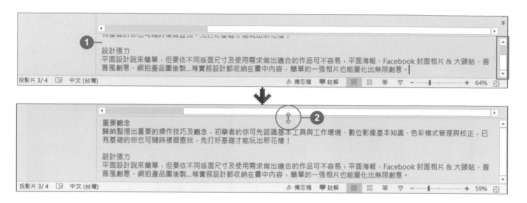

03 依照第三張投影片新增備忘稿的方法，為第四章投影片新增備忘稿文字。

切換成簡報者檢視畫面

01 當電腦已經外接到投影機時，於 **投影片放映** 索引標籤選按 **從首張投影片**。

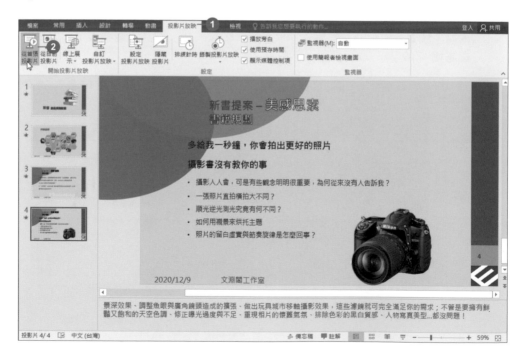

播放簡報狀態下，按一下滑鼠右鍵，選按 **顯示簡報者檢視畫面**，可以如下圖看到檢視畫面與備忘稿資料。(在此切換到第三張投影片瀏覽備忘稿)

在此模式下已經播放的時間。　　　　台下的聽眾所看到的放映畫面。　　　　主講者可以在此觀看到下一張投影片。

在播放投影片的過程中，主講者可以在此操控放映工具。　　　如果投影片有預設備忘稿文字時，會顯示於此。

查看所有投影片

於控制列上選按 查看所有投影片 可以檢視此份簡報中所有的投影片縮圖，在此亦可直接選取欲播放的投影片，或者於左上角選按 返回檢視模式。

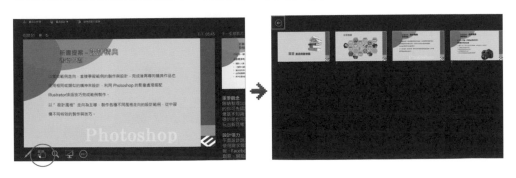

放大投影片

於控制列上選按 **放大投影片** 接著在放映畫面中選擇一區域並按一下,即可在播放簡報的過程中將局部的區域放大顯示,讓觀眾視覺更聚焦。

使投影片放映變黑或還原

於控制列上選按 **使投影片放映變黑或還原**,播放的螢幕會變全黑,讓觀眾將視覺焦點轉回主講者身上,而再按一次即可恢復。

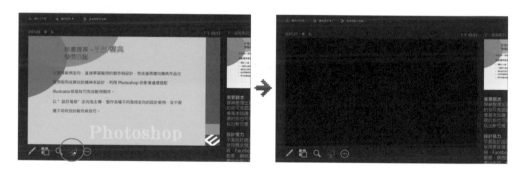

其他投影片放映選項

於控制列上選按 **其他投影片放映選項** 清單中可選擇更多常見的播放功能。

列印前的相關設定

13.9

簡報作品除了以播放的方式展現外，還可以依彩色、灰階或黑白單色
列印，而在列印前的首要工作即是依內容設定上合適的頁首、頁尾與
版面...等相關列印項目。

設計頁首與頁尾

為了要讓投影片列印出來好整理，可在投影片加上頁尾、日期及時間、投影片編
號，讓投影片增加專業與一致性。

01 於 **插入** 索引標籤選按 **頁首及頁尾**，開啟對話方塊。

02 於 **投影片** 標籤核選 **日期及時間** 與 **自動更新** 項目，如此一來投影片預設位置
會出現今天的日期，且以西曆方式呈現。

03 核選 **投影片編號**、**頁尾**、**標題投影片中不顯示** 三項，並於 **頁尾** 輸入標示文
字，最後按 **全部套用** 鈕。

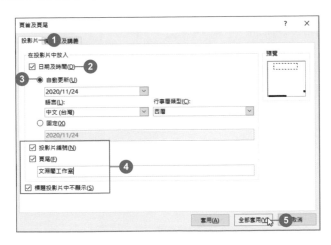

04 在 **投影片瀏覽** 模式中，可以看到除第一張標題投影片之外，其他張投影片均加上編號、頁尾、日期及時間。

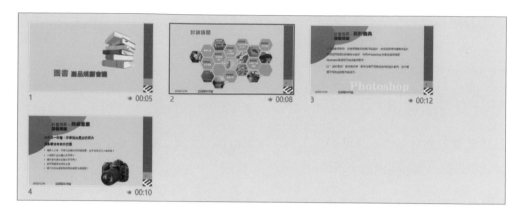

調整頁首及頁尾的格式與位置

雖然日期時間與頁尾已設定好了，但是如果想要更換不同的顏色、字體、位置...時，必須利用 **母片** 功能設定。

01 於 **檢視** 索引標籤選按 **投影片母片**，在投影片母片檢視環境下可以任意調整「頁尾」與「日期及時間」、「投影片編號」的擺放位置與字型格式。

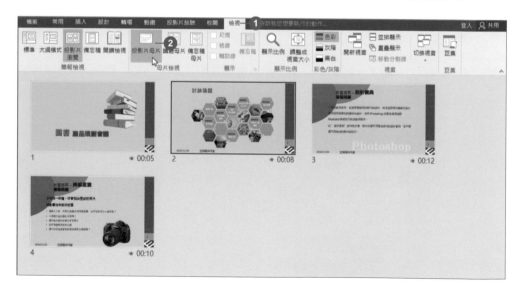

02 選按左側縮圖中 **相鄰 投影片母片**：由投影片 **1-4** 所使用。

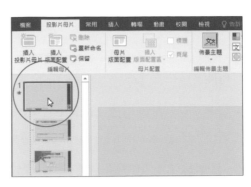

03 按 Ctrl 鍵不放選取投影片母片中欲修改預設格式的物件：左下角的 **日期** 與 **頁尾** 二個物件，再於 **常用** 索引標籤，設定喜好的文字樣式及色彩。

04 將滑鼠指標移至選取的物件上，待滑鼠指標呈 ✛ 時，可移動此物件至適合位置。

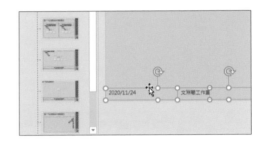

05 依序選取母片下方版面配置縮圖，於 **投影片母片** 索引標籤先取消核選 **頁尾**，接著再次核選 **頁尾**，將母片目前的頁尾日期物件重新套用到目前的版面配置中。

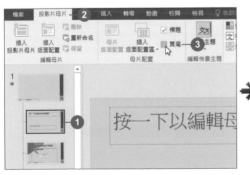
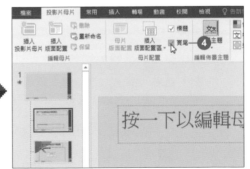

06 最後於 **投影片母片** 索引標籤選按 **關閉母片檢視** 返回 **投影片瀏覽** 模式，會發現投影片頁尾已變更囉！

檢視彩色 / 黑白列印的效果

整份簡報基本上可以透過 **彩色**、**灰階** 或 **純粹黑白** 三種屬性列印，不過為了確保作品呈現的效果，可以在列印前透過 **檢視** 索引標籤的 **色彩**、**灰階**、**黑白** 三種模式查看。

以下將針對三種檢視模式在套用時，簡報需要注意的地方說明，根據這些特性調整出最佳列印品質，才不會有文字看不清楚的情況發生 (下方圖片以 **灰階** 模式檢視)：

● **色彩** 模式：製作投影片時使用較深的色彩，可加強在螢幕上播放的效果；若要將此簡報列印出來時，建議套用較淡的色彩配置以節省墨水。

● **灰階** 模式：留意背景色與文字的對比效果，其中 **灰階** 是由白到黑逐漸加深的一系列的色彩組成，透過此模式可更細微設定灰階色彩的分佈狀況。

● **黑白** 模式：無灰階的效果出現，只有黑、白二色，僅列印外框線。

切換至 **灰階** 檢視模式後，可以透過功能區的各個項目細部瀏覽。

按此鈕可以返回 **色彩** 檢視模式

TIPS

快速調整簡報整體色彩

當透過 **色彩** 檢視模式查看後，覺得列印出來的效果可能不佳時，可以於 **設計** 索引標籤選按 **變化-其他 \ 色彩**，藉由清單中的樣式快速調整簡報整體色彩。

13.10 預覽配置與列印作品

作品列印前請先執行預覽動作，不但可檢查內容是否有誤，也可節省不必要的紙張消耗。

01 於 **檔案** 索引標籤選按 **列印**，在此請先設定列印份數，並選擇印表機型號，再設定列印範圍為全部或者指定投影片。

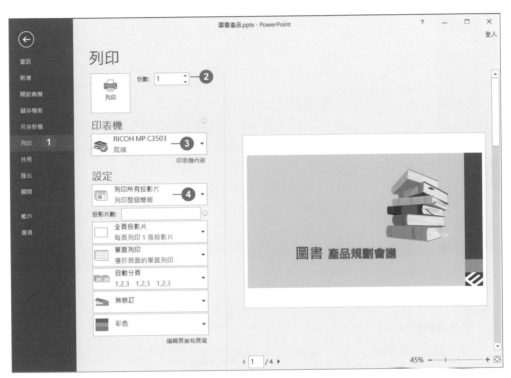

功能	說明
列印所有投影片	列印整份簡報
列印選取範圍	列印選取的投影片，在標準模式左側選取想要列印的投影片縮圖。
列印目前的投影片	列印目前右側所顯示的該頁投影片
自訂範圍	只列印指定的投影片編號，例如：輸入編號，以「,」分隔。

02 預設為 **全頁投影片** 版面配置，還可以依需求選擇 **講義**、**備忘稿** 和 **大綱** ...等合適的版面配置，再選擇色彩，即可於右側預覽作品列印的效果。

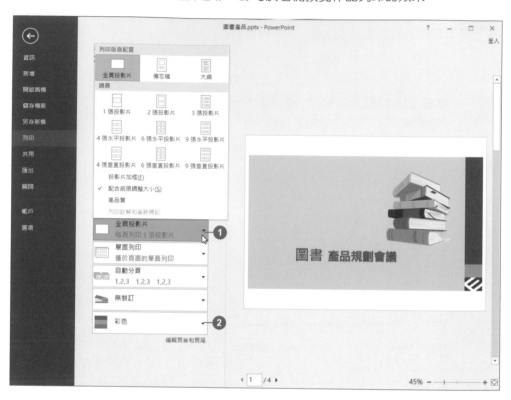

功能	說明
全頁投影片 模式： 預設模式，在預覽列印時，如果使用的輸出設備是彩色印表機，會出現彩色模式的預覽內容。若發現背景圖片均自動隱藏消僅留文字與圖片，那是因為輸出設備是單色印表機所致，列印會以 **灰階** 模式列印。	

功能	說明
備忘稿 模式： 若簡報作品中有建立備忘稿，當選按此版面配置模式會出現縮圖與備忘稿文字，然而 **備忘稿** 模式列印出來是以一張投影片印一頁的方式呈現。	
大綱 模式： 此模式只會列印簡報作品中的大綱資料，這個列印模式印出來的文字可供簡報作品架構的討論與調整時使用。此外大綱窗格中沒有出現的文字在這個列印模式下將無法印出。	
講義 模式： 此模式可選擇要將多少張投影片列印在一頁紙上，如果每頁需列印愈多張投影片，會自動降低投影片的顯示比例。另外如果選擇了 **講義：3 張投影片** 的版面配置模式，會於縮圖右側列印格線，方便做筆記。	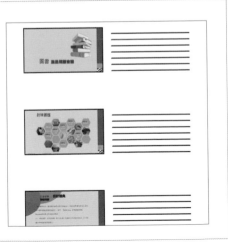

03 **列印方向** 只能在設定列印 **講義**、**備忘稿** 和 **大綱** 版面配置時才會顯示,預設為 **直向方向**,可以依需求列印成直向或橫向。

最後只要按 **列印** 鈕即可輸出

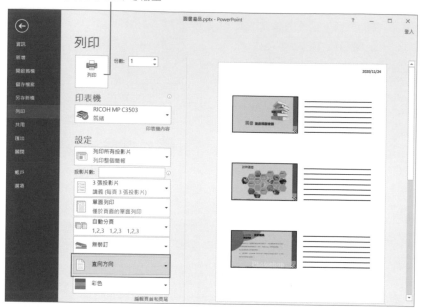

▲ 直向方向

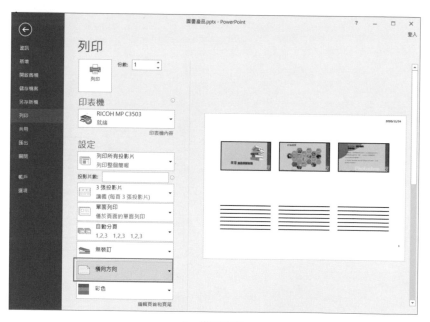

▲ 橫向方向

實作題

請依如下提示完成「美味 Cheese 介紹」簡報作品。

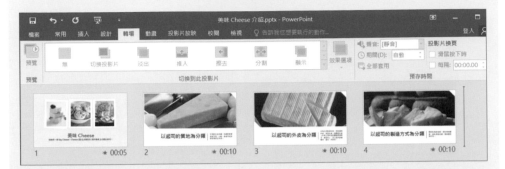

1. 開啟延伸練習原始檔 <美味 Cheese 介紹.pptx>，於 **檢視** 索引標籤選按 **投影片瀏覽**。

2. 於 **轉場** 索引標籤核選 **每隔**，設定第一張投影片的換頁時間為 5 秒，第二至第四張投影片的換頁時間為 10 秒。

3. 於 **投影片放映** 索引標籤選按 **設定投影片放映** 開啟對話方塊，核選 **投影片換頁：若有的話，使用預存時間**，再按 **確定** 鈕完成自動執行投影片播放的設定。

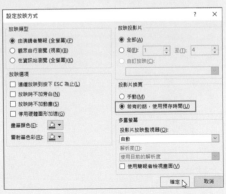

14

蘭嶼微旅行簡報
超連結與動作按鈕

文字、圖片超連結

連結至電子郵件、網站

連結至檔案

變更超連結色彩・動作按鈕

「蘭嶼微旅行簡報」主要是透過超連結與動作按鈕,設定投影片間的互動及投影片與網頁之間的連繫,其超連結本身可為文字或物件。

➕ 設定文字超連結　　　　　　　➕ 變更超連結文字色彩

➕ 設定圖片超連結　　　　　　　➕ 插入與設定動作按鈕

➕ 連結至電子郵件信箱　　　　　➕ 調整動作按鈕

➕ 連結至網站與其他相關檔案

原始檔:<本書範例\ch14\原始檔\蘭嶼微旅行.pptx>
完成檔:<本書範例\ch14\完成檔\蘭嶼微旅行.pptx>

14.1 設定文字超連結

播放簡報時，常需要的互動效果就是回第一張投影片或是回目錄頁...等特定的投影片頁面，在此將超連結設定在文字上，讓您可以快速移至文件中的各個頁面。

01 開啟範例原始檔 <蘭嶼微旅行.pptx>，先切換至第三張投影片，在此要針對第三、四、五張投影片母片中的按鈕文字「回選單」設定上超連結。

02 於 **檢視** 索引標籤選按 **投影片母片**，進入第三張投影片的母片。

03 選取「回選單」文字，於 **插入** 索引標籤選按 **超連結** (或 **連結**) 開啟對話方塊。

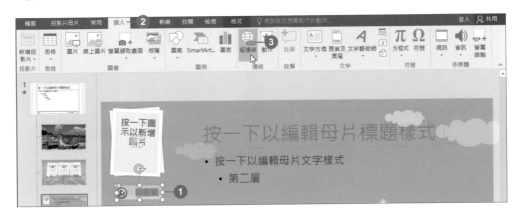

04 選按 **連結至：這份文件中的位置**，再按 **2.夏天·走一走就到海邊**，最後按 **確定** 鈕。

05 於 **投影片母片** 索引標籤選按 **關閉母片檢視** 回到投影片標準模式，這樣一來第三、四、五張投影片中的「回選單」文字均套用上超連結設計。

06 選按狀態列右側 🖵 **投影片放映** 鈕播放，試試看剛才超連結效果是否無誤。

TIPS

移除與編輯超連結

1. 如果要移除不需要的超連結，可以選取要刪除的超連結文字或物件，按一下滑鼠右鍵，選按 **移除超連結** (或 **移除連結**)。

2. 如果要調整超連結相關設定，可以選取要調整的超連結文字或物件，按一下滑鼠右鍵，選按 **編輯超連結** (或 **編輯連結**)。

14.2 設定圖片超連結

播放簡報過程中，若將滑鼠指標移至設定超連結的文字或物件，待其滑鼠指標呈 🖐 時，表示可按一下滑鼠左鍵執行連結的動作。

設定上超連結的文字會以加底線的方式顯示，且文字色彩會與色彩配置的設定一致，圖片、圖形的超連結則不會有底線。

01 切換至第二張投影片，選取「沁遊路線」的圖片，於 **插入** 索引標籤選按 **超連結** (或 **連結**) 開啟對話方塊。

02 選按 **連結至：這份文件中的位置**，再按 **3.沁遊路線**，最後按 **確定** 鈕。

▲ 選擇文件中的一個位置 清單中，會列出目前簡報作品內各個投影片的標題文字。

03 繼續選取第二張投影片「蘭嶼地圖」的圖片，於 **插入** 索引標籤選按 **超連結** (或 **連結**)。選按 **連結至：這份文件中的位置**，再按 **4.蘭嶼地圖**，最後按 **確定** 鈕。

04 繼續選取第二張投影片「相關網站」的圖片，於 **插入** 索引標籤選按 **超連結** (或 **連結**)。選按 **連結至：這份文件中的位置**，再按 **5.相關網站**，最後按 **確定** 鈕。

05 選按狀態列右側 📺 **投影片放映** 鈕播放，試試看剛才超連結效果是否無誤。

TIPS

了解投影片命名的方式

1. **插入超連結** 對話方塊 **選擇文件中的一個位置** 清單中，在投影片名稱前方的數字代表投影片的編號，而投影片中若有標題文字也會自動顯示於此，否則就以「投影片 (編號)」做為標題。

2. 設定投影片標題很簡單，首先在建立或新增投影片時套用含標題設計的版面配置，即可建立有標題的投影片。

連結至電子郵件信箱、網站與其他檔案

簡報中透過超連結，也可輕鬆為文字與物件，連結至網站頁面或電子郵件信箱。

連結至電子郵件信箱

01 切換至第三張投影片，選取下方「寫信給旅人」文字，於 **插入** 索引標籤選按 **超連結** (或 **連結**) 開啟對話方塊。

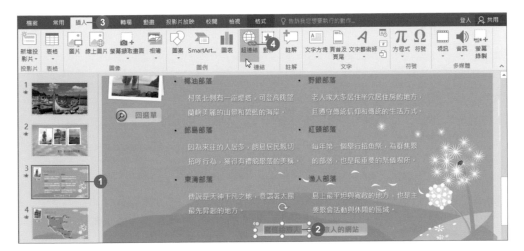

02 選按 **連結至：電子郵件地址**，輸入 **電子郵件地址** 及 **主旨** 資料，再按 **確定** 鈕。如此當播放簡報時，只要在該文字上按一下滑鼠左鍵馬上就會開啟預設的電子郵件軟體編輯視窗。

輸入電子郵件時，會自動於前方產生「mailto:」文字。

03 選按狀態列右側 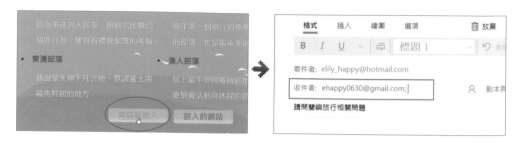 **投影片放映** 鈕播放，試看看剛才的超連結效果是否能開啟
電子郵件程式，並於 **收件者** 出現指定電子郵件信箱。

TIPS

設定預設開啟的郵件程式

如果無法正常開啟郵件程式時，請依
步驟設定目前電腦的預設郵件程式。
將滑鼠指標移至螢幕左下角，於 🔎 **搜
尋方塊** 輸入「預設應用程式」後，選
按 **預設應用程式** 開啟視窗 。

於左側選按 **預設應用程式**，再於右側 **電子郵件** 選按 ➕ **選擇預設**，清單中選擇
常用的郵件應用程式，也可以選按 **在 Microsoft Store 尋找應用程式**，登入
Microsoft 帳號、密碼，下載如 **郵件和行事曆** 的應用程式。

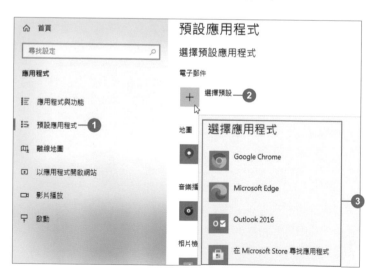

連結至網站

01 切換至第三張投影片，選取下方的「旅人的網站」文字，於 **插入** 索引標籤選
按 **超連結** (或 **連結**) 開啟對話方塊。

02 選按 **連結至：現存的檔案或網頁**，於 **網址** 輸入欲連結的網站位址，再按 **確
定** 鈕。如此當播放簡報時，只要在該文字上按一下滑鼠左鍵，馬上就會開啟
所連結的網站。

03 選按狀態列右側 戶 **投影片放映** 鈕播放，試試看剛才的超連結效果是否能開啟
瀏覽器程式，並連結到指定的網站。

連結至其他相關檔案

除了指定連結至電子郵件與網站，還可以設定連結至本機電腦中的其他相關檔案。

01 切換至第五張投影片，選取投影片中要連結至其他檔案的文字或物件，在此選取下方的「文創資訊」文字於 **插入** 索引標籤選按 **超連結** (或 **連結**) 開啟對話方塊；選按 **連結至：現存的檔案或網頁**，選取要連結的路徑與檔案後，按 **確定** 鈕。

02 設定完後選按狀態列右側 🖵 **投影片放映** 鈕播放，試看看剛才的超連結效果是否能連結到指定的檔案。

14.4 變更超連結文字色彩

套用了超連結功能的文字會依每份簡報作品所套用的佈景主題色彩，而產生不同色彩，連結文字的色彩也要搭配背景色，這樣才能為作品加分。

01 在此將統一變更整份簡報的超連結顏色，於 **設計** 索引標籤選按 **變化-其他**，清單中選按 **色彩 \ 自訂色彩** 開啟對話方塊。

02 在 **佈景主題色彩** 項目選按 **超連結** 右側色塊，於清單中設定合適的色彩，同樣再設定 **已瀏覽過的超連結**，這二個項目是與超連結文字色彩相關，最後輸入新的色彩組合名稱，按 **儲存** 鈕即可在佈景主題色彩清單中產生一新的色彩配置項目，並將新的色彩套用至簡報相關超連結文字、物件中。

14.5 動作按鈕的設計

適當的運用 **動作按鈕** 與 **動作設定** 二項簡單的功能，讓簡報使用起來更加靈活。

動作按鈕：PowerPoint 包含一組簡易設定的立體按鈕，例如：**上一項**、**下一項**、**首頁**、**起點** 和 **聲音**...等，再配合動作設定後可在簡報播放時按下這些按鈕，播放指定面頁、聲音或連結到其他的投影片。

動作設定：能輕鬆定義物件的互動式動作。並指定要播放的聲音或影片、選取要啟動的程式或指定超連結的目的地、動態顯示文字和物件...等，這些動作只要在一個對話方塊中就可以完成設定。

插入與設定動作按鈕

01 先切換至第三張投影片，在此要於第三、四、五張投影片的母片中插入動作按鈕，於 **檢視** 索引標籤選按 **投影片母片**，進入其母片模式。

02 於 **插入** 索引標籤選按 **圖案 \ 動作按鈕：上一項** (或 **動作按鈕：往前或上一項**)。

03 於母片下方，拖曳出一方形的 **動作按鈕：上一項** (或 **動作按鈕：往前或上一項**)，當按鈕拖曳出來後，會自動出現 **動作設定** 對話方塊，於 **按一下滑鼠** 標籤確認已核選 **跳到：上一張投影片**，按 **確定** 鈕。

04 依相同方式，插入一個 **動作按鈕：下一項** (或 **動作按鈕：往後或下一項**)。

當按鈕拖曳出來後，會自動出現 **動作設定** 對話方塊，於 **按一下滑鼠** 標籤確認已核選 **跳到：下一張投影片**，按 **確定** 鈕。

05 依相同方式，插入一個 **動作按鈕：首頁** (或 **動作按鈕：移至首頁**)。

將 **首頁** 動作按鈕拖曳出來後，會自動出現 **動作設定** 對話方塊，於 **按一下滑鼠** 標籤確認已核選 **跳到：第一張投影片**，再按 **確定** 鈕。完成以上動作，即可看到三個動作按鈕。

調整動作按鈕

01 按 Ctrl 鍵不放，選取三個動作按鈕，於 **繪圖工具 \ 格式** 索引標籤設定 **高度：「0.6 公分」、寬度：「0.6 公分」**。

02 在選取三個動作按鈕狀態下，於 **繪圖工具 \ 格式** 索引標籤選按 **圖案樣式-其他**，於清單中選按合適的樣式。(此例套用 **鮮明效果-冰藍, 輔色 1**)

03 設定好樣式後，分別選取三個動作按鈕，按滑鼠左鍵不放拖曳至如圖位置，於 **繪圖工具 \ 格式** 索引標籤選按 **對齊**，利用清單中的 **靠上對齊**、**水平均分** 調整到合適間距，最後於 **投影片母片** 索引標籤選按 **關閉母片檢視**，回到 **標準** 檢視模式。

04 切換到第三張投影片，選按狀態列右側 🔲 **投影片放映** 鈕，將滑鼠指標移至動作按鈕上呈 🖑 時，按一下滑鼠左鍵即切換至上一頁、下一頁或首頁投影片。

TIPS

動作按鈕的注意事項

1. PowerPoint 提供了 **12** 個已設定好動作的動作按鈕：

   動作按鈕

◁	▷	◁	▷	⌂	ⓘ	↺	⊡	▭	◁)	?	☐

   上一項　下一項　起點　終點　首頁　資訊　返回　影片　文件　聲音　說明　自訂

2. 製作出來動作按鈕，必須在投影片播放時才能發揮功效。(例如：跳到前一張、下一張、最後一張投影片...等)

實作題

請依如下提示完成「你的巷弄咖啡館」作品。

1. 開啟延伸練習原始檔 <你的巷弄咖啡館.pptx>，於第一張投影片選取「元氣早餐」圖片後，於 **插入** 索引標籤選按 **超連結** (或 **連結**)，設定 **連結至：這份文件中的位置**，再按 **2.元氣早餐**。

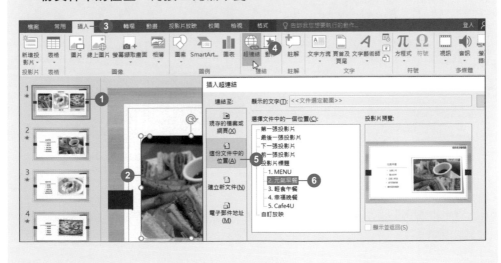

2. 依相同方式，將右側剩下的二個單元圖片，分別連結至：**3.輕食午餐**、**4.幸福晚餐**。

3. 切換至第五張投影片，設定文字超連結：

   FB粉絲團：設定超連結「https://www.facebook.com/cafe4u.tw/」

   寫信給店家：設定超連結「mailto:ehappy0630@gmail.com」、主旨「預約用餐日」。

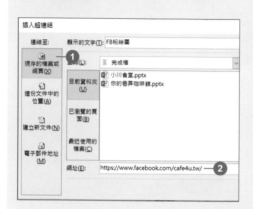

4. 切換至第二張投影片，於右側製作 **動作按鈕：首頁**，再於 **繪圖工具 \ 格式** 索引標籤調整寬度與高度為「1 公分」，設定圖案樣式並調整位置。

5. 運用複製與貼上功能，將 **首頁** 動作按鈕複製於第三至五張投影片，完成此簡報作品。

15

簡報帶著走
封裝與轉存

轉成封裝・燒錄

轉成 PDF 格式・ 轉成 XPS 格式

轉成 Word 文件、轉成影片檔

檔案加密

PowerPoint 提供封裝的功能，可以將簡報檔與相關連的檔案 (例如：視訊、音效和字型) 整個打包起來，並且可以將簡報作品燒錄到光碟中、轉成影片檔、轉成 PDF 格式或 Word 格式，讓製作好的簡報檔以更多元化的方式呈現。

- 讓字型與連結檔案跟著簡報走
- 將簡報作品燒錄到光碟中
- 將檔案另存成 PDF 或 XPS 格式
- 將簡報資料轉成 Word 文件
- 將簡報轉成影片檔
- 保密防諜-為檔案加密

原始檔：<本書範例 \ ch15 \ 原始檔 \ 瑜珈.pptx>
完成檔：<本書範例 \ ch15 \ 完成檔> 之下 <體驗瑜珈簡報>、<瑜珈.pdf>
<瑜珈.xps>、<瑜珈.docx>、<瑜珈.wmv>、<瑜珈-密碼.ppts>

15.1 讓字型與連結檔案跟著簡報走

PowerPoint 可使用封裝的方式，將簡報使用到的特殊字型與連結插入的影片、音樂...等，都打包在一個資料夾中。

如果要將簡報移到別台電腦播放時，整個封裝資料夾必須一起複製過去，才不會產生設計的效果無法播放的問題。這一節將說明封裝到本機電腦或隨身碟中的方法：

01 開啟範例原始檔 <瑜珈.pptx>，於 **檔案** 索引標籤選按 **匯出 \ 將簡報封裝成光碟 \ 封裝成光碟** 開啟對話方塊，按 **選項** 鈕。

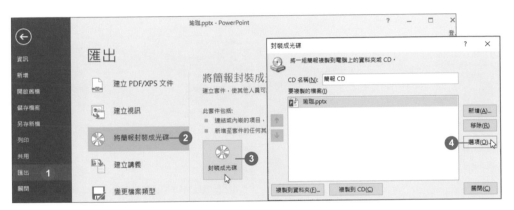

02 核選 **連結的檔案** 和 **內嵌 TrueType 字型**，再按 **確定** 鈕。

連結的檔案：可將簡報中插入的音樂、影片連結檔一起封裝。

設定此份簡報的保護密碼與防寫密碼。

內嵌 TrueType 字型：將簡報中有用到的字型一起封裝。

03 回到 **封裝成光碟** 對話方塊按 **複製到資料夾** 鈕,再於開啟對話方塊設定 **資料夾名稱** 和 **位置** 後,按 **確定** 鈕。

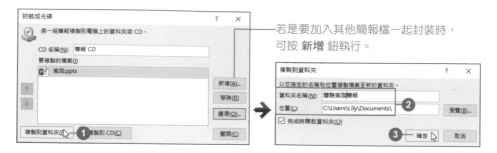

若是要加入其他簡報檔一起封裝時,可按 **新增** 鈕執行。

04 接著按 **是** 鈕開始封裝,完成封裝會開啟預設儲存路徑的資料夾視窗,再按對話方塊中的 **關閉** 鈕。

05 封裝複製到資料夾的動作完成後會自動開啟視窗,或可至上步驟指定存放的位置,找到指定的資料夾。

TIPS

將簡報儲存在隨身碟中

若想將簡報儲存至隨身碟,其操作方式與上述類似,於 **複製到資料夾** 對話方塊設定 **位置** 為隨身碟存放位置,即可將封裝資料儲存於隨身碟。

15.2 將簡報作品燒錄到光碟中

簡報資料除了可以利用封裝，打包到資料夾或隨身碟中；也可以將簡報作品燒錄到光碟中，讓其他人只要在他們的電腦上播放此張光碟，就可以順利觀看您的簡報。

這一節將說明封裝到光碟的方法，開始將簡報封裝至光碟前，必須先將一片空白光碟片放入燒錄器光碟機中，才能使用此功能。

01 延續上一個範例，於 **檔案** 索引標籤選按 **匯出 \ 將簡報封裝成光碟 \ 封裝成光碟** 開啟對話方塊，輸入 **CD 名稱** 後，再按 **複製到 CD** 鈕。(預設為包含連結的檔案與內嵌字型，也可以再按 **選項** 鈕確認)

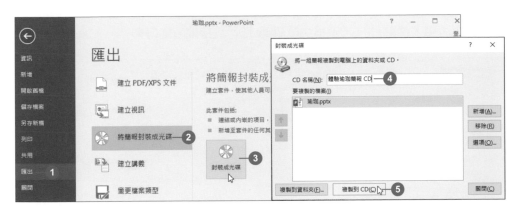

02 出現對話方塊，按 **是** 鈕開始封裝與燒錄的動作，靜待片刻出現已完成、並詢問是否再複製到第二片光碟的對話方塊，按 **否** 鈕即完成封裝至光碟的動作。最後再按下對話方塊中的 **關閉** 鈕。

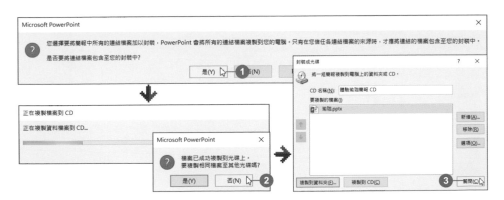

03 完成 **複製到 CD** 動作後光碟機會退出該光碟片，可將光碟片再次放入光碟機，系統會開啟對話方塊詢問是否自動執行，或者在 **檔案總管** 視窗中會出現剛才輸入的 CD 名稱，可於該名稱上連按二下滑鼠左鍵，開啟光碟片內容。

04 開啟預設瀏覽器 (此處以 **Edge** 示範)，選按要播放的簡報，會下載至本機電腦中，接著選按 ⋯，於清單中按 **開啟** 即可直接開啟簡報檔。

TIPS

使用 PowerPoint 網頁版播放簡報內容

微軟先前推出的 PowerPoint Viewer，用來執行簡報的檢視器，已於 2018 年 4 月淘汰，不能下載，也無法更新。所以如果電腦沒有安裝 PowerPoint，又要播放封裝的簡報內容時，只要有 Microsoft 帳號 (Hotmail / Outlook)，可以登入並免費使用網頁版 PowerPoint 瀏覽簡報。

您可以開啟瀏覽器進入 Office.com 網站「https://www.office.com/」，選按 **登入** 鈕輸入帳號、密碼。

網頁版 Office 有常用的 Word、Excel、PowerPoint...等功能，而所有文件則是全部儲存在 OneDrive 雲端硬碟裡。您只要按 **上傳並開啟** 鈕開啟對話方塊，選取要播放的封裝簡報，即可上傳至 OneDrive 並透過網頁版 PowerPoint 自動開啟。

15.3 將簡報另存成 PDF 或 XPS 格式

希望使用者在瀏覽或列印簡報內容時,相關的版面、格式、內容能確保其完整與不可變更性,這時就要應用到 PDF 與 XPS 格式。

認識 PDF 與 XPS 格式

1. PDF (Portable Document Format):是一種開放式作為對外公告與內部資料流通的瀏覽文件規格,可以防止文件被竄改,其功能類似將文件拍成一張影像檔,但要檢視 PDF 檔案時,電腦上必須先安裝 Acrobat Reader 程式,才能讀取檔案。

2. XPS (XML Paper Specification):是一種電子文件格式,不但可以固定版面配置、保存格式、享有檔案共用功能,更具有絕佳的機密性與安全性。

另存成 PDF 或 XPS

01 延續上一個範例,於 **檔案** 索引標籤選按 **匯出 \ 建立 PDF/XPS 文件**,再按 **建立 PDF/XPS**。

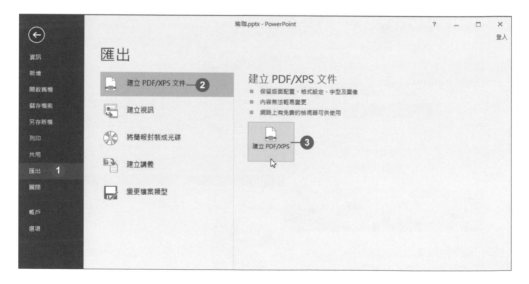

02 於開啟對話方塊，選取檔案儲存位置，設定 **檔案名稱**、**存檔類型** 則可選擇 **PDF(*.pdf) 或 XPS(*.xps)**，再核選最佳化的方式與是否在發佈之後開啟檔案，按 **發佈** 鈕後，會開始發佈的動作。

03 文件依照剛所選擇 **存檔類型**，以 PDF 或 XPS 格式呈現。

◀ 預設由 Microsoft Edge 開啟 PDF 檔案。

◀ 由 **XPS 檢視器** 開啟 XPS 檔案。(在 Windows 10 中，**XPS 檢視器** 需要另外新增與安裝，相關操作可參考 P15-10 "資訊補給站" 的說明)

資 訊 補 給 站

在 Windows 10 開啟 XPS 檔案

01 開始 畫面左下角，選按 ⊞ 開始 鈕，於 開始 畫面程式集中選按 ⚙ 設定，視窗中選按 應用程式。

02 於視窗左側選按 應用程式與功能，接著選按 選用功能，再選按 新增功能。

03 於清單中找到並核選 XPS 檢視器，然後按 安裝 鈕完成安裝。

之後於檔案總管切換到先前匯出的 XPS 檔案所在位置，於檔案上連按二下滑鼠左鍵，**你要如何開啟此檔案？** 清單中選按 **XPS 檢視器**，並核選 **一律使用此應用程式來開啟 .xps 檔案**，最後按 **確定** 鈕即可開啟檔案。

將簡報轉成 Word 文件

精心設計的簡報或備忘資料可否轉成 Word 文件呢？當然可以囉！而且製作的方法十分簡單，轉成 Word 文件的資料可更快速製作簡報相關說明文件。

01 延續上一個範例，於 **檔案** 索引標籤選按 **匯出 \ 建立講義**，再按 **建立講義**。

於開啟的對話方塊，會看到轉成 Word 文件有五種版面配置可以選擇：

- **備忘稿位於投影片右方**：每頁會有三張投影片，備忘稿內容會放置右方。

- **空白線位於投影片右方**：每頁會有三張投影片，而右方會顯示空白線以方便筆記記錄。

- **備忘稿位於投影片下方**：每頁只有一張投影片，而備忘稿內容將會放置在下方。

- **空白線位於投影片下方**：每頁只有一張投影片，而空白線會顯示於下方以方便筆記記錄。

- **只有大綱**：會依原本簡報層級、字型、字體大小設定，將簡報內文資料顯示在 Word 文件中。

02 選擇適合的 Word 版面配置 (此範例核選 **空白線位於投影片右方**)，再按 **確定**
鈕即可。

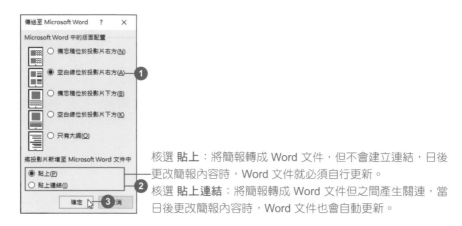

核選 **貼上**：將簡報轉成 Word 文件，但不會建立連結，日後
更改簡報內容時，Word 文件就必須自行更新。
核選 **貼上連結**：將簡報轉成 Word 文件但之間產生關連，當
日後更改簡報內容時，Word 文件也會自動更新。

03 自動開啟 Word 文件，並已將簡報資料轉成剛才指定的版面配置。

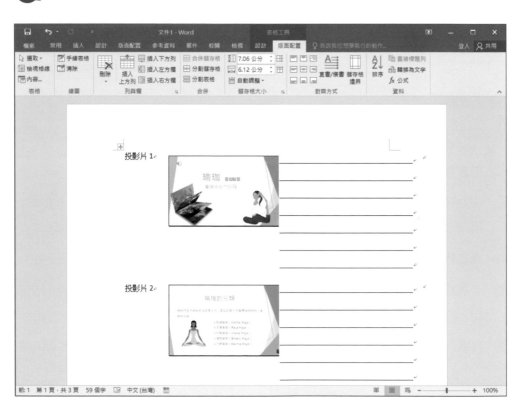

將簡報轉成影片檔

15.5

簡報還可轉成 Windows Media (.wmv) 與 Mpeg-4 (.mp4) 二種視訊檔格式，不用擔心電腦是否有安裝 PowerPoint 軟體，只要有安裝播放影片的軟體即可。

01 延續上一個範例，於 **檔案** 索引標籤選按 **匯出 \ 建立視訊**，指定要轉存的影片尺寸與品質，和是否使用錄製時間和旁白，另外再設定 **每張投影片所用秒數** 後，按 **建立視訊** 鈕。

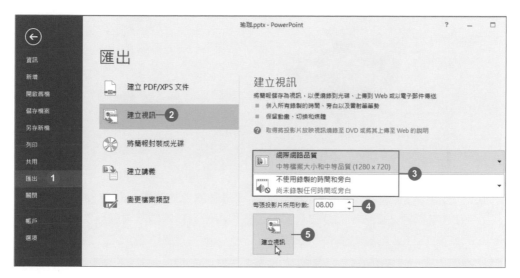

02 於對話方塊，選取檔案儲存位置，設定 **檔案名稱**、**存檔類型**，再按 **儲存** 鈕。

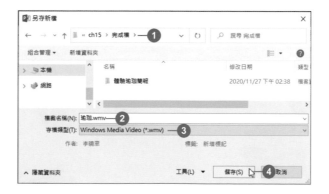

03 影片檔的轉存需要一些時間，當投影片頁數愈多，轉成影片的時間也愈長，要如何知道影片檔是否轉換成功，可在狀態列看到轉換進度。

04 可以將轉好的影片檔，運用電腦中的播放軟體播放簡報，但是原本所設定的超連結將無法選按，而背景音樂動畫效果與換頁特效則不會受到影響。

15.6 保密防諜 – 為檔案加密

正在編輯高機密檔案嗎？那一定得再為檔案加上一道密碼鎖，以增加
檔案的安全性。(密碼最多 15 個字，可包括字母、數字和符號)

01 延續上一個範例，於 **檔案** 索引標籤選按 **資訊 \ 保護簡報 \ 以密碼加密**，設定密
碼後，按 **確定** 鈕；再一次輸入密碼確認後，按 **確定** 鈕，會看到 "開啟此簡報
需要密碼" 的訊息。(此範例密碼為：1234)

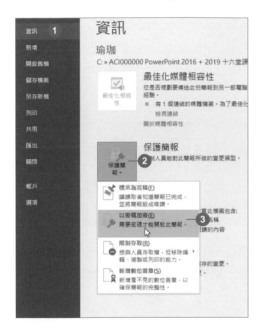

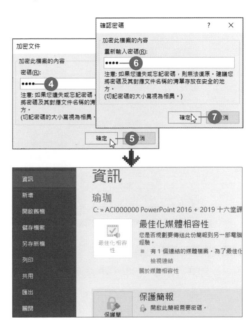

02 設定好後，記得再次儲存檔案。下次開啟檔案時，會出現 **密碼** 對話方塊要求
輸入密碼，輸入正確時，即可開啟此檔案。

TIPS

密碼保護注意事項

1. 密碼保護雖然可以讓人無法隨意開啟與修改檔案，但無法防止他人刪除該檔，
   且注意若不小心遺失密碼，將無法開啟該檔案。
2. 若欲取消保護設定，需開啟該檔案後再於 **檔案** 索引標籤選按 **資訊 \ 保護簡
   報 \ 以密碼加密**，進入對話方塊將密碼清空後，再按 **確定** 鈕。

實作題

請依如下提示完成「民俗節慶」作品。

1. 開啟延伸練習原始檔 <民俗節慶.pptx>，於 **檔案** 索引標籤選按 **匯出 \ 建立 PDF/XPS 文件**，再按 **建立 PDF/XPS** 鈕，將簡報匯出為 PDF 文件，並透過 Microsoft Edge 開啟 PDF 檔案瀏覽。

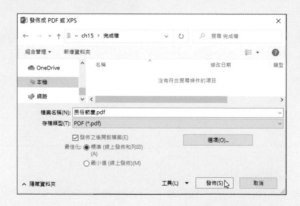

2. 接著於 **檔案** 索引標籤選按 **匯出 \ 建立視訊 \ 建立視訊**，將簡報轉成視訊檔格式 Mpeg-4 (.mp4)。

16

我的簡報在雲端
Microsoft 365 與 OneDrive 應用

Microsoft 365 雲端

訂閱 Microsoft 365・OneDrive 雲端空間

OneDrive 共同作業・共用檔案

Microsoft 365 實現了雲端辦公室的願景，完全展現雲端行動力的強大，不僅可以讓您擁有 1TB 的 OneDrive 雲端儲存空間，還提供了每個月 60 分鐘的 Skype 免費通話服務，日後若發表新版的 Office 應用軟體時，還可以得到免費升級，這些都是訂閱 Microsoft 365 才能擁有的服務。

不過就算是免費的 Microsoft 帳號使用者，也可以透過 OneDrive 存取已上傳的 Office 檔案，其中微軟還提供了簡易的線上 Office App 編輯 Office 文件檔，可以將經常需要更動的資料儲存於雲端，透過行動裝置存取。

- ⊕ 開始訂閱 Microsoft 365
- ⊕ 申請並登入帳號
- ⊕ 完成訂閱
- ⊕ 安裝與體驗
- ⊕ 利用 PowerPoint 上傳檔案
- ⊕ 利用瀏覽器上傳檔案

- ⊕ 雲端空間的檔案管理
- ⊕ 被邀請者開啟共用簡報
- ⊕ 利用本機 Office 共同作業
- ⊕ 利用 PowerPoint 網頁版
  即時共同作業
- ⊕ 利用行動裝置 Office 即時
  共同作業

- ⊕ 共用檔案
- ⊕ 共用資料夾

原始檔：<本書範例 \ ch16 \ 原始檔 \ 小川食堂.pptx>
　　　　<本書範例 \ ch16 \ 原始檔 \ 瑜珈.pptx>

16.1 Microsoft 365 雲端作業平台

Microsoft 365 雲端服務包括 Office 應用程式、1 TB 雲端空間、跨平台裝置運用、即時存取最新版的 Office 應用程式...等,是辦公室的最佳生產工具。

簡單來說,Microsoft 365 是微軟推出的 "一整套服務",它包含了大型信箱服務、雲端文件庫、雲端會議室、最新版本 Office 應用軟體...等;而 Office 2016、2019 則是買斷型軟體且可永久使用,連線時可取得安全性的更新,但無法取得任何新功能。未來如果有新的版本推出時,Office 2016、2019 無法像 Microsoft 365 直接升級,必須再次購買新的版本才能使用新功能。

申請 / 登入並訂閱 Microsoft 365

16.2

Microsoft 365 的訂閱服務，就如同訂閱雜誌一般，只要定期繳費，就可以在 Office 推出新版本時立即更新軟體，不用再購買新版本，讓您享受強大的雲端行動力。

開始訂閱 Microsoft 365

如果您只是單純的編輯辦公室文件，可以選擇購買最新的 Office 版本；但如果您對行動辦公的需求非常注重且希望安裝的 Office 可以即時更新版本，可以選擇訂閱 Microsoft 365，首先開啟瀏覽器 (此章統一使用 Edge 瀏覽器) 並連結至「https://www.microsoft.com/zh-tw/microsoft-365」網頁：

01 於網頁中選按 **家用** 鈕，在家用版本中分別有 **家用版** 與 **個人版** 的說明與試用、購買連結，一開始可以選按 **免費試用 1 個月**。

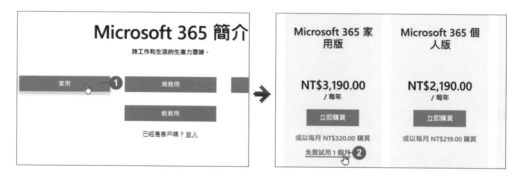

02 於網頁下方瀏覽 **常見問題**，了解相關資訊後，於網頁上方選按 **免費試用 1 個月** 鈕。(1 個月後便會自動從會員資料中的信用卡扣款，相關付費機制依官方說明為主。)

申請並登入帳號

若已有 Microsoft 帳號可直接輸入帳號與密碼，再按 **登入** 鈕即可開始訂閱 Microsoft 365 (後續步驟可參考 P16-6 說明)，若還沒有 Microsoft 帳號，請依下面的步驟註冊 Microsoft 帳戶。

01 選按 **立即建立新帳戶**，接著再選按合適的註冊方式，在此選按 **取得新的電子 郵件地址**。

02 設定 **電子郵件** 名稱後按 **下一步** 鈕，輸入密碼，再按 **下一步** 鈕。

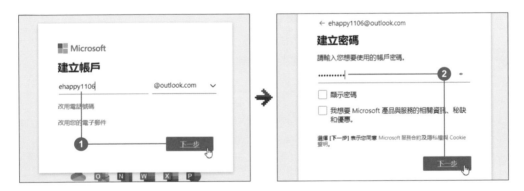

03 輸入個人的 **姓氏** 與 **名字**，按 **下一步** 鈕，接著再按 **下一步** 鈕。

04 依謎題提示完成解答，再按 **完成** 鈕後，最後按 **是** 鈕完成帳戶的建立。

完成訂閱

01 按 **下一步** 鈕，接著選按付款方式。(這裡選按 **信用卡或轉帳卡**)

02 輸入信用卡資訊、個人資料...等相關資料，輸入完成按 **儲存** 鈕。

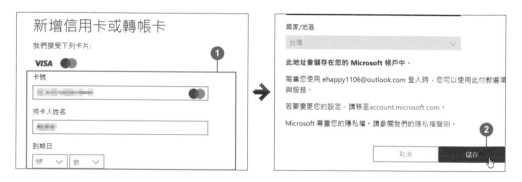

TIPS

Microsoft 365 試用到期

免費試用 1 個月 鈕下方說明了首月免費試用，第二個月起即會依您選擇的方案扣款，當然也可以在首月免費試用結束前取消訂閱，即不會有後續扣款的費用產生。(取消訂閱的方式可參考 P16-7 下方 "TIPS" 的說明)

03 最後確認資料無誤後，按 **訂閱** 鈕。

安裝與體驗

01 完成訂閱後就會進入 Microsoft 365 家用版頁面，按 **安裝 \ 安裝 Office** 鈕，於 **下載並安裝 Office** 對話方塊中按 **其他選項**。

02 設定正確的語言後，按 **安裝** 鈕，即會開始下載安裝檔回本機，下載完成後按 **執行** 鈕，再依指示完成安裝。(目前官網只提供最新版本的 Office 軟體)

─ **TIPS** ─

取消訂閱

若要於試用期結束前取消訂閱，在登入帳號後，於網頁上方選按 **服務與訂閱 \ 付款與帳單**，於管理畫面 Microsoft 365 項目選按 **取消**，依步驟操作即可取消訂閱，最後確認週期性計費是關閉狀態。

16.3 將檔案儲存至 OneDrive 雲端空間

OneDrive 可透過電腦或是行動裝置存放任何的文件、相片...等其他檔案。不論是否訂閱 Microsoft 365，只要擁有 Microsoft 帳號即可使用 OneDrive 雲端空間。

利用 PowerPoint 上傳檔案

開啟一個 PowerPoint 簡報，接下來要將本機檔案儲存至 OneDrive 雲端空間，第一步必須先登入 OneDrive。

01 於 **檔案** 索引標籤選按 **另存新檔 \ OneDrive** 後，按 **登入** 鈕。

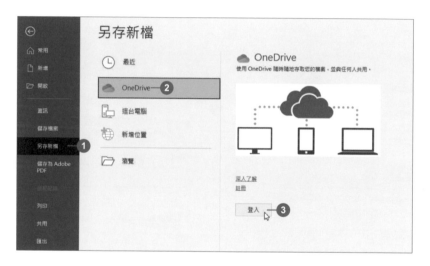

02 輸入 Microsoft 帳號 (若無帳號可選按 **建立帳號**，並參考 P16-5 說明)，按 **下一步** 鈕，接著輸入密碼後，按 **登入** 鈕。

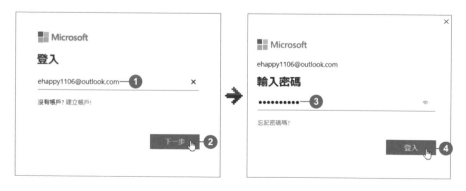

03 登入完成後，會在 **OneDrive - 個人** 下方看到帳戶名稱，選按 **另存新檔 \ OneDrive - 個人 \ OneDrive - 個人** 開啟對話方塊。(若無此選項可先回到編輯畫面，再重新操作一次)

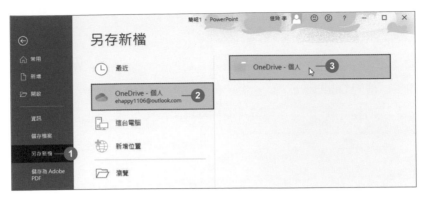

04 進入要儲存的資料夾，確認檔案名稱後，按 **儲存** 鈕。(此範例選按 **文件** 資料夾)

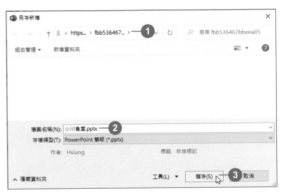

完成將檔案儲存至 OneDrive 雲端空間後，靜待片刻再開啟瀏覽器進入 Microsoft 365 網站「https://www.microsoft.com/zh-tw/microsoft-365」並登入帳戶，再選按 **OneDrive** 即可在剛才指定儲存的 **文件** 資料夾中看到上傳的檔案。

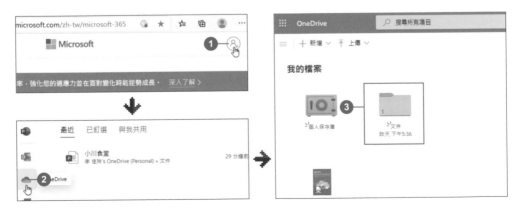

利用瀏覽器上傳檔案

除了利用 PowerPoint 軟體上傳目前開啟的簡報檔案到 OneDrive 外，另一種方式則是直接於 OneDrive 網站上傳檔案。

於瀏覽器進入 Microsoft 365 網站「https://www.microsoft.com/zh-tw/microsoft-365」並登入帳戶選按 **OneDrive**，再按上方的 **上傳 \ 檔案**，於 **開啟** 對話方塊選擇要上傳到 OneDrive 雲端空間的檔案，再按 **開啟** 鈕。

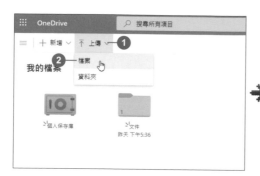

雲端空間的檔案管理

上傳至 OneDrive 雲端空間中的檔案，預設會存放於目前所在的檔案路徑下，若上傳後想搬移至其他資料夾，可核選該檔案後，選按 **移動至**，接著選按目標資料夾項目，再按 **移動**。

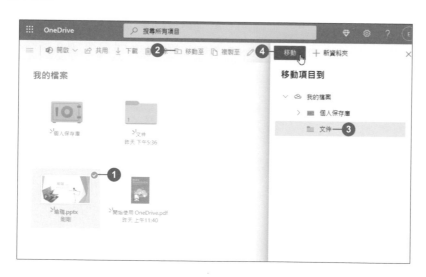

上傳至 OneDrive 雲端空間中的檔案，可以透過功能表中的 **複製至**、**重新命名**、**刪除**...等功能設定或變更，以下示範將檔案 **重新命名**。

01 於 OneDrive 資料夾中核選要進行更名的檔案，接著選按 **重新命名**。

02 輸入新的名稱後，按 **儲存** 鈕，即可完成重新命名。(若無法重新命名可確認該檔案是否開啟使用)

如果想在根目錄下再建立一個名稱為 "公開" 的資料夾，先選按左側 **我的檔案** 回到根目錄下，再於上方選按 **新增 \ 資料夾**，輸入「公開」後，按 **建立** 鈕完成新增資料夾。

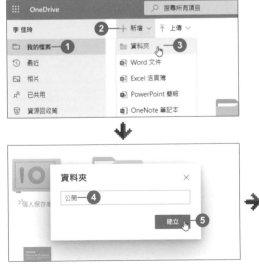

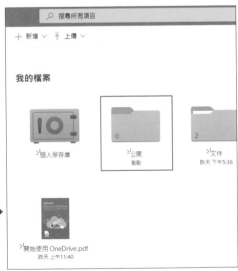

16.4 關於共同作業的準備工作

"共同作業" 是指讓您可以從任何位置，無論是家中或辦公室以外的其他地點，透過電腦或行動裝置輕鬆地與朋友共用一份 PowerPoint 檔案並可共同編輯、修訂。

這樣的作業方式必須先將檔案上傳到 OneDrive 雲端空間儲存 (詳細說明可參考 P16-8~P16-10)，再邀請人員一起 "共用簡報"，當被邀請者與您同時編輯、修訂一份 PowerPoint 簡報時，這樣的動作稱為 "共同撰寫"。

使用共同撰寫前，所有使用者都必須使用 PowerPoint 2010 或更新版本 (Windows)、Mac 使用者則需使用 PowerPoint 2016 或更新版本，或者是使用網頁版 PowerPoint。

共同撰寫提供：

- 與他人共用簡報，並且同時進行共同作業。
- 在共同作業時，可以即時看到其他使用者正在處理簡報的哪個部分。
- 在共同作業時，可使用即時討論或註解來進行溝通。
- 在共同作業修訂簡報時，檔案內容一有變更時就會收到通知。(以下功能僅適用於 Microsoft 365 訂閱者)
- 可使用追蹤修訂，並讓其他人修訂的內容以文字醒目提示的方式顯示。
- 在共同作業時，可查看檔案先前版本歷程記錄。

只要依以下幾個步驟，就能與其他人共同撰寫：

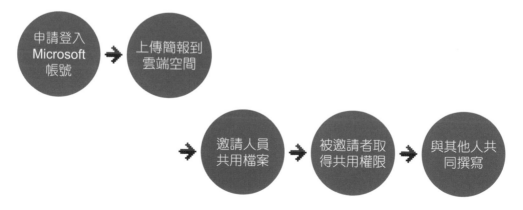

16.5 OneDrive 的雲端共同作業

上傳至 OneDrive 空間的簡報，可以透過多種平台開啟這些簡報，並且邀請其他人一同協助校訂修正，完成後即會同步儲存於雲端中，讓簡報隨時維持在最新的狀態。

邀請共用的人員

01 於本機 PowerPoint 開啟要共用的簡報，確認已上傳 OneDrive 後，在視窗右上角選按 **共用** 開啟窗格。

02 於 **共用** 窗格 **邀請人員** 欄位輸入被邀請者的 Microsoft 帳號電子郵件，設定 **可以編輯**，最後再輸入說明文字，按 **共用** 鈕。

TIPS

邀請多位共用簡報的使用者

如果要同時邀請多位共用簡報的使用者，可選按 **邀請人員** 右側的 鈕開啟對話方塊，先於左側清單中選取聯絡人，再選按 **收件者** 鈕加入至右側 **郵件收件者** 清單，最後選按 **確定** 鈕，即可一次邀請多人共用簡報。

如果沒有聯絡人清單時，在 **邀請人員** 欄位輸入第一位人員的帳號後，先輸入「;」，再輸入下一位人員的帳號，依此方式可一次輸入多組帳號。

被邀請者開啟共用簡報

被邀請者會收到一封分享共用的邀請郵件，於郵件內容選按 **Open** 鈕會使用預設瀏覽器開啟共用簡報網頁版，以下說明二種可編輯簡報的方法：

方法 1：選按 **編輯簡報 \ 在瀏覽器中編輯** 即可使用 PowerPoint 網頁版編輯簡報，初次使用會有存取的要求，請按 **繼續** 鈕，編修後的簡報會即時儲存。(若在開啟網頁後尚未登入帳號，於網頁右上角選按 **登入**，再依提示完成登入。)

方法 2：PowerPoint 網頁版部分功能無法使用，如果要擁有較完整的編輯功能，建議選按 **在 PowerPoint 中編輯** 使用本機 PowerPoint 軟體開啟。(如開啟簡報過程要求需登入 Microsoft 帳號，請依提示完成登入。)

利用本機 Office 共同撰寫

完成 **共用** 簡報後,即可線上同步與對方共同修訂已共用的簡報,以下示範 **在 PowerPoint 中編輯** 共同撰寫。

01 請對方在簡報上直接校對,像是此範例中替文字前加上餐廳名稱,並替此段文字加入 **註解**,最後按視窗左上角 儲存 鈕。

02 過一會兒於本機的簡報狀態列會顯示 **可用的更新**,選按 **可用的更新** (或軟體左上角 儲存 鈕),即可更新簡報狀態。

03 除了會顯示對方修正的內容,於 **校閱** 索引標籤選按 **顯示註解** 清單鈕 \ **註解窗格** 開啟右側窗格,可看到註解內容。(建議可先關閉 **共用** 窗格)

04 於 **註解** 窗格按一下回覆欄位，輸入想回覆的內容再按 ▷ 鈕，然後按視窗左上角 🖫 **儲存** 鈕，即可回覆對方。

05 當雙方完成校對修訂後，除了可直接在簡報內容中看到修訂的內容，於 **註解** 窗格，也可以將已完成的註解標示成已解決，選按 ⋯ **其他對話動作 \ 解決對話**，註解即會呈現變淡的效果。

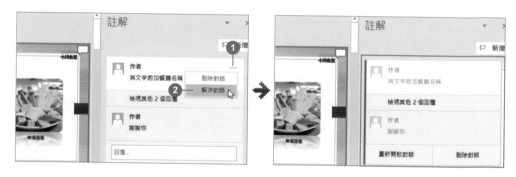

TIPS

上傳擱置

共同作業儲存檔案時，若發現一直無法與對方同步簡報內容，並於狀態列出現 **上傳擱置** 的提示，可於 **檔案** 索引標籤選按 **資訊**，右側 **解決** 會顯示上傳擱置原因，並註明您的檔案變更已儲存，待之後重新連線即會自動上傳更新。

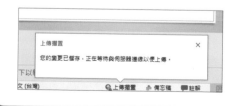 

利用 PowerPoint 網頁版共同撰寫

完成 **共用** 簡報後，如果要幫您校閱的朋友沒有單機版的 Office 軟體可以使用，或您使用本機 PowerPoint 軟體共同撰寫時覺得同步的速度很慢，可以使用 PowerPoint 網頁版操作。

01 開啟瀏覽器登入您的 OneDrive 頁面，於資料夾中開啟欲共同撰寫的 PowerPoint 檔案。待對方收到邀請信件並進入網頁瀏覽模式，選按 **編輯簡報 \ 在瀏覽器中編輯** 即可使用 PowerPoint 網頁版。

02 以 PowerPoint 網頁版開啟該檔案，雖然編輯功能沒有 PowerPoint 軟體完善，但基本的新增投影片、版面配置、文字編修、插入圖片、段落設定、檢閱...等功能都可以使用。

03 待其他共同作業的伙伴使用 PowerPoint 網頁版開啟檔案並登入後，於簡報右上角即會顯示代表他們的小圖示，並且在簡報中看到他們所處的位置，以及其代表色框線表示現在正在編輯的項目。(將滑鼠指標移至該圖示位置上，即可顯示共用作業者的名稱。)

利用行動裝置 Office 共同撰寫

如果手邊沒有電腦，使用行動裝置也能幫您完成一些簡易的共同作業項目。Android 裝置需開啟 Google Play 完成 PowerPoint App 安裝；iOS 則需至 App Store 安裝 PowerPoint App，安裝完成後必須先開啟軟體完成登入。

若為被邀請者，使用郵件 App 收取信件後，點一下該簡報檔名連結，就能開啟相關 PowerPoint App (請記得先登入帳戶，如未安裝 App 則會先以預設的瀏覽器開啟簡報預覽)，完成後即可進行簡單的編修。

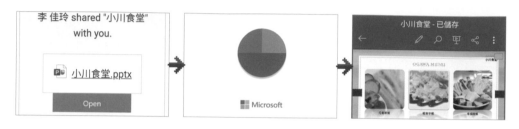

T I P S

解決衝突變更

當您跟其他使用者修訂一樣的項目時，於選按 ▣ **儲存** 鈕時，會出現衝突變更的提示對話方塊，會顯示您和其他人所變更的內容，並以縮圖來呈現視覺上的差異比較，您可以與修訂者討論後，選按想要保留的內容，最後再選按 **完成** 鈕，即可保留該項變更。

16.6 共用 OneDrive 內的檔案

OneDrive 雲端中的檔案可以隨時在線上開啟瀏覽編修,還可以將簡報、檔案或圖片分享給伙伴以及好朋友們,達到共享的目的。

共用檔案

若要與朋友共用、編輯 OneDrive 內的檔案,請依下列示範操作:

01 於瀏覽器進入 OneDrive 網站「https://www.microsoft.com/zh-tw/microsoft-365」並登入帳戶,再選按 **OneDrive**。

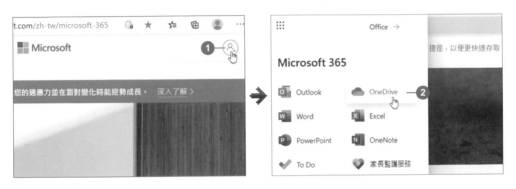

02 核選要共用的檔案,然後選按 **共用 \ 擁有連結的任何人都可以編輯**,確認核選 **允許編輯**,接著依需求設定到期日或密碼 (此二項目必須訂閱 Microsoft 365 才能使用),再按 **套用** 鈕。

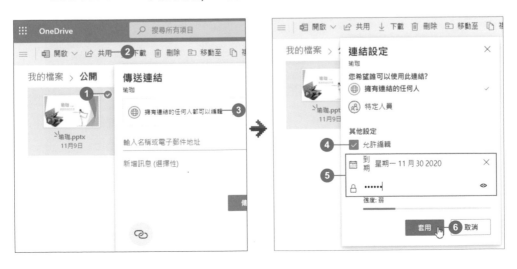

03 輸入要邀請共用的郵件位址 (可輸入多位)，再輸入說明文字後，按 **傳送** 鈕，最後再按 ⊠，完成共用邀請。

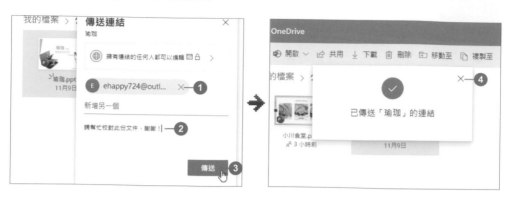

被邀請的朋友即會收到一封由 OneDrive 使用者署名寄來的共用分享郵件，只要開啟郵件，選按分享檔案名稱或是按 **Open** 鈕，即可開啟瀏覽器檢視。再依使用需求選擇開啟或是儲存檔案。

共用資料夾

若要共享多個檔案，可以把檔案儲存在資料夾中，將資料夾設定 **共用** 後，就能與朋友一起編輯資料夾中的所有檔案。

01 於 OneDrive 網頁左側選按 **我的檔案** 回到根目錄，核選要分享的資料夾，再選按 **共用**，依相同操作方式輸入 **收件者** 與相關設定後，按 **傳送** 鈕。

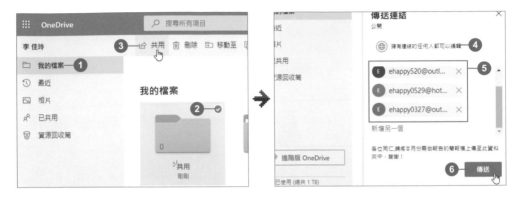

02 被邀請的朋友在收到邀請郵件後，選按信件內容中最下方的 **View all photos** 鈕 (或 **Open** 鈕)，接著會開啟瀏覽器檢視，於共用的資料夾中可以上傳、下載資料。(如果在行動裝置中安裝 OneDrive App，就可以利用行動裝置隨時共享或是管理雲端中的資料。)

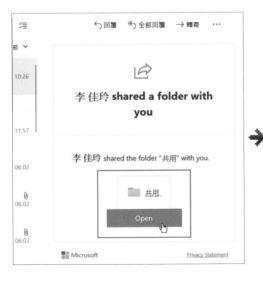

實作題

依如下提示完成上傳簡報檔至 OneDrive，並設定共用分享。

1. 開啟延伸練習原始檔 <蘭嶼微旅行.pptx> 練習，於 **檔案** 索引標籤選按 **另存新檔 \ OneDrive - 個人**，登入 OneDrive 後將簡報檔案儲存至 OneDrive 的 **文件** 資料夾中。

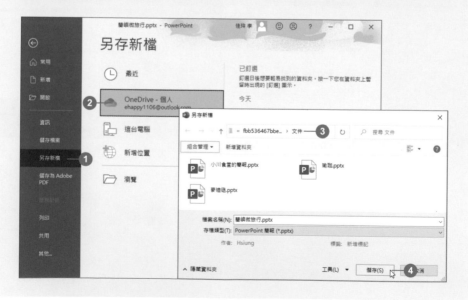

2. 開啟瀏覽器連上「https://www.microsoft.com/zh-tw/microsoft-365」，輸入帳號、密碼登入後進入 **OneDrive** 的 **文件** 資料夾中。

3. 於 **文件** 資料夾，將剛才上傳的檔案依電子郵件的方式共用分享 (可用自己的電子郵件帳號或朋友的電子郵件帳號練習)，並設定收件者無法編輯該檔案簡報。

4. 完成共用分享後，被邀請者信箱中會接收到由您署名寄來的郵件，請試著開啟郵件並開啟檔案簡報瀏覽。

PowerPoint 2016/2019 高效實用範例必修 16 課

作　　者：文淵閣工作室 編著 / 鄧文淵 總監製
企劃編輯：王建賀
文字編輯：王雅雯
設計裝幀：張寶莉
發 行 人：廖文良

發 行 所：碁峰資訊股份有限公司
地　　址：台北市南港區三重路 66 號 7 樓之 6
電　　話：(02)2788-2408
傳　　真：(02)8192-4433
網　　站：www.gotop.com.tw
書　　號：ACI034500
版　　次：2021 年 01 月初版
　　　　　2024 年 01 月初版八刷
建議售價：NT$480

國家圖書館出版品預行編目資料

PowerPoint 2016/2019 高效實用範例必修 16 課 / 文淵閣工作室
　編著. -- 初版. -- 臺北市：碁峰資訊, 2021.01
　　面；　　公分
　ISBN 978-986-502-701-8(平裝)
　1.PowerPoint(電腦程式)
312.49P65　　　　　　　　　　　　　109021127